W0048067

# Managementwissen

Dr. Matthias Nöllke
Prof. Dr. Wolfgang Mentzel

# Inhalt

## Teil 1: Management

# Inhalt

## Teil 1: Management

# Managementwissen

Dr. Matthias Nöllke
Prof. Dr. Wolfgang Mentzel

# Teil 2: BWL Grundwissen

# Teil 1: Management

# Vorwort

Einem alten Bonmot zufolge erkennt man gesunde Organisationen daran, dass an ihrer Spitze unfähige Führungspersönlichkeiten stehen, die erstaunlich wenig Schaden anrichten. Leider oder Gott sei Dank gilt dieser Befund heute nicht mehr. Der Unterschied zwischen gutem und schlechtem Management macht sich nur allzu deutlich bemerkbar. Organisationen geraten schnell ins Hintertreffen, wenn sie nicht professionell geführt werden.

Entsprechend groß ist der Bedarf an Erfolg versprechenden Managementmethoden, Techniken und Tools. Doch das Angebot ist unüberschaubar. Immer schneller wechseln sich so genannte Managementtrends ab. Mal steht der Kunde, mal das Produkt, mal der Mitarbeiter im Mittelpunkt. Mal wird der „Teamgedanke" groß geschrieben, mal geht es darum, die „High Potentials" zu fördern.

Für die Praktiker, die nach wirksamen Methoden Ausschau halten, ist das oftmals verwirrend. Auch hoch qualifizierte Mitarbeiter, die mit einem Mal „Führungsverantwortung" übernehmen müssen, fühlen sich allein gelassen. Hier will dieser TaschenGuide für Orientierung sorgen. Wir stellen Ihnen für die unterschiedlichen Aufgaben, die eine Führungskraft zu erfüllen hat, die besten Managementtechniken vor: Leicht verständlich, präzise, praxisorientiert.

*Dr. Matthias Nöllke*

# Was Führungskräfte wissen müssen

*„Eine Führungskraft ist dazu da,
dass die anderen die Arbeit tun."*
Morton Nolan, brit. Wirtschaftsjournalist

Was zeichnet eine gute Führungskraft aus? Gibt es Standards, die überall gelten? Was können Sie tun, um Ihre persönlichen „Skills" zu verbessern?

In diesem Kapitel lernen Sie die Basics von Führung und Management kennen:

- was die Aufgaben einer Führungskraft sind und was nicht,
- wie es um Ihre eigenen Führungseigenschaften bestellt ist,
- woran Sie arbeiten sollten, um eine gute Führungskraft zu werden.

# Was leistet eine Führungskraft?

Führungskräfte haben eine Fülle von Aufgaben. Sie müssen unter anderem:

- Mitarbeiter führen, ihnen Aufgaben, Ressourcen und Ziele geben – oder wieder entziehen,
- Arbeitsergebnisse kontrollieren, freigeben, verantworten,
- ein Budget planen und verwalten,
- Stellenbewerber auswählen,
- Entscheidungen treffen und verantworten,
- Konflikte schlichten,
- Mitarbeiter bewerten, fördern oder auch abmahnen, wenn sie gegen ihre Pflichten verstoßen,
- die eigenen Aktivitäten mit anderen Führungskräften abstimmen,
- Entwicklungen außerhalb der eigenen Abteilung und des eigenen Unternehmens beobachten und bewerten.

Je nach Position können noch zahlreiche Aufgaben hinzukommen. So müssen viele Führungskräfte Verhandlungen führen, Repräsentationspflichten erfüllen, sich mit der strategischen Ausrichtung ihres Geschäftsbereichs auseinandersetzen und vieles mehr. Doch gibt es einen gemeinsamen Nenner für all diese Tätigkeiten.

Alle Führungsaufgaben zielen auf die Tätigkeit von *anderen*. Meist sind das die eigenen Mitarbeiter, doch es werden durchaus auch externe Arbeitskräfte gemanagt. Andere sollen eine bestimmte *Leistung* erbringen – dafür muss die Führungskraft sorgen. Das ist ihre Kernaufgabe.

# Die häufigsten Führungs-Irrtümer

## Irrtum Nummer 1: Die Führungskraft braucht das größte Fachwissen

In vielen Organisationen ist es üblich, dass derjenige Mitarbeiter die Führungsverantwortung bekommt, der sich in dem betreffenden Gebiet besonders gut auskennt. Fachwissen hilft Ihnen, Ihre Führungsaufgaben besser wahrzunehmen. Der entscheidende Punkt ist jedoch: Es ist *nicht* das Fachwissen, das Sie für eine Führungsposition qualifiziert. Vielmehr ist es die Fähigkeit, das Fachwissen und die Kompetenz von anderen optimal einzusetzen.

## Der Experte – die klassische Fehlbesetzung

Unternehmen, die sich einen ausgewiesenen Experten in eine Führungsposition holen, erleben meist eine herbe Enttäuschung: Der Spezialist erweist sich als ungeeignet, Managementaufgaben zu übernehmen. Dafür gibt es einen einfachen Grund: Seine besondere Kompetenz besteht in seinem Fachwissen und nicht darin, das Fachwissen anderer optimal einzusetzen. Seine überragende Kompetenz lässt sich gerade dann am besten nutzen, wenn er *nicht* die Führungsverantwortung für andere übernimmt.

Natürlich sollte die Führungskraft in dem Bereich, den sie zu verantworten hat, kompetent sein – allein, um die Arbeit ihrer Mitarbeiter angemessen beurteilen zu können. Doch muss sie keineswegs am kompetentesten sein.

**Beispiel:**

> In professionell geführten Zeitungsredaktionen werden Sie es selten erleben, dass der Journalist, der am besten schreiben kann, die Redaktionsleitung innehat. Die Starreporter nutzen ihre Kompetenz weit besser, wenn sie selbst schreiben und nicht führen. Tatsächlich haben sich manche hervorragende Journalisten keinen Gefallen damit getan, auf den Chefsessel zu wechseln. Und umgekehrt besitzen sehr erfolgreiche Redaktionsleiter nicht unbedingt ein ausgeprägtes Schreibtalent.

## Irrtum Nummer 2: Der Mensch steht im Mittelpunkt

Es wird gern behauptet, dass wirksame Führung sich dadurch auszeichne, dass sich alles um „den Menschen" drehe, wobei mit „dem Menschen" der Mitarbeiter gemeint ist. Doch diese hehren Worte sind eine Legende. Jede Organisation, für die eine Führungskraft arbeitet, verfolgt einen bestimmten Zweck, ob es sich um einen Betrieb, eine Behörde oder um eine Non-Profit-Organisation handelt. Die Führungskraft trägt mit ihrer Leistung dazu bei, diesen Zweck zu erfüllen, auf welcher Position sie sich auch immer befindet.

Die Führungskraft wird daran gemessen, inwieweit sie und ihre Mitarbeiter etwas zu diesem Ziel beitragen. Das ist das *einzig entscheidende* Kriterium und nicht etwa, wie zufrieden die Mitarbeiter sind oder ob sich kreative Spitzenkräfte in der Abteilung wohl fühlen.

**Beispiel:**

 Die Stationsleitung in einem Krankenhaus hat dafür zu sorgen, dass die Versorgung der Patienten optimal gewährleistet ist – auch wenn das auf Kosten der Mitarbeiterzufriedenheit geht. Auf längere Sicht muss sie natürlich auch etwas gegen aufkommende Unzufriedenheit unter den Mitarbeitern tun. Aber auch hier wieder in erster Linie in Hinblick darauf, dass das eigentliche Ziel erreicht wird: die optimale Versorgung der Patienten.

## Der Mensch ist Mittel. Punkt

Als Führungskraft tun Sie gut daran, Zweck und Mittel sorgfältig zu trennen. Natürlich ist es richtig, etwas für seine Mitarbeiter zu tun. Es ist sinnvoll dafür zu sorgen, dass sie ihre Arbeit gerne tun, weil solche Mitarbeiter dann eher dazu beitragen, dass sie ihre Aufgabe erfüllen.

Die Zufriedenheit der Mitarbeiter ist kein Selbstzweck, sondern ein Mittel. Im Mittelpunkt steht Ihre Kernaufgabe und nicht „der Mensch".

Professionelle Führungskräfte verfolgen nicht einsam und allein ihr Ziel. Vielmehr gelingt es ihnen, ihre Mitarbeiter auf das gemeinsame Ziel zu verpflichten.

## Irrtum Nummer 3: Management heißt motivieren, motivieren, motivieren

Eine weitere Managementlegende heißt: Führungskräfte müssen vor allem eines tun – ihre Mitarbeiter motivieren. Manager taugen nichts, wenn sie ihre Leute nicht „richtig motivieren" können. Es genügt nicht, dass die Mitarbeiter einfach ihre Aufgabe erledigen, sie müssen es gerne tun. Oder besser noch: Sie müssen begeistert bei der Sache sein.

So beeindruckend das zunächst erscheint, wenn alle mit vollem Einsatz an ihren Aufgaben arbeiten – ein solches Verständnis von Führung ist äußerst problematisch. Und zwar aus vier Gründen:

- Es wird stillschweigend unterstellt, dass die Mitarbeiter selbst nicht motiviert sind. Motivierung ist Fremdsteuerung, ein anderes Wort für Manipulation.

- Management wird verkürzt auf einen einzigen, gar nicht mal den wesentlichsten Aspekt. Professionelle, hochwirksame Führung ist möglich, ganz ohne die Mitarbeiter zu „begeistern".

- Mitarbeiter, die sich stark engagieren, hegen hohe Erwartungen. Werden diese Erwartungen jedoch enttäuscht, ist eine nachhaltige Demotivierung unvermeidlich.

- Haben Sie Ihre Mitarbeiter für eine bestimmte Aufgabe, ein bestimmtes Projekt „begeistert", können Sie kaum noch umsteuern oder gar das Projekt aufgeben. Ihre Flexibilität ist erheblich eingeschränkt.

Natürlich soll nicht in Abrede gestellt werden, dass es manchmal durchaus angebracht ist, die Mitarbeiter zu motivieren (siehe „Mythos Motivation?"), sie auch emotional anzusprechen und mitzureißen. Aber das ist ein Instrument, von dem Sie – wenn überhaupt – nur sparsamen Gebrauch machen sollten. Es mit „dem" Management gleichzusetzen, ist eine gefährliche Vereinfachung (siehe dazu die Bücher von R. K. Sprenger und S. Kühl im Abschnitt „Literatur").

## Die Vorteile professioneller Distanz

Bleiben Sie auf einer sachlich-professionellen Ebene, so macht Sie das flexibler – und Ihre Mitarbeiter auch. Persönliche Betroffenheit und Engagement spielen nicht mit hinein und müssen also auch nicht ins Kalkül gezogen werden – einzig und allein die Aufgabe steht im Vordergrund. Das macht die Sache einfacher und ist im Übrigen auch ehrlicher.

Darüber hinaus wirkt es sich auch stark konfliktmildernd aus, wenn Ihre Mitarbeiter nicht mit ihrer ganzen Persönlichkeit involviert sind. Im Berufsleben haben wir es öfter mit Menschen zu tun, die vielleicht nicht ganz auf unserer Wellenlänge liegen, die wir sogar höchst unsympathisch finden. Möglicherweise handelt es sich aber um exzellente Mitarbeiter, die eben ein wenig „schwierig" sind. Eine Verständigung auf einer sachlichen Ebene aber ist möglich. Es wäre leichtsinnig, diesen Vorteil aufs Spiel zu setzen.

# Führungskräfte übernehmen komplexe Aufgaben

Wenn Führungskräfte kein besonderes Fachwissen besitzen müssen, wenn sie nicht für die menschliche Wärme sorgen und auch nicht motivieren müssen – wozu eigentlich sind sie denn dann da? Sind sie vielleicht gar verzichtbar?

In den meisten Fällen sicher nicht. Denn Führungskräfte sind immer dann erforderlich, wenn Aufgaben zu komplex werden, um von einem allein bewältigt zu werden. Und in unserer hochkomplexen arbeitsteiligen Welt trifft das auf eine stetig wachsende Anzahl von Aufgaben zu.

## Als Führungskraft steuern Sie Kompetenzen

Jede Führungskraft hat mindestens eine komplexe Aufgabe zu erfüllen, oft aber auch ein ganzes Bündel davon. Diese Aufgaben sind höchst unterschiedlich: Vielleicht müssen Sie dafür sorgen, dass alle Kundenanfragen innerhalb von 24 Stunden beantwortet sind, oder dass ein Gebäude von oben bis unten gereinigt wird, dass die Obdachlosen Ihrer Stadt eine warme Suppe bekommen oder dass ein Produkt bis zu einem bestimmten Zeitpunkt auf den Markt kommt.

Im Alleingang können Sie solche Aufgaben nicht bewältigen. Es müssen sich mehrere Menschen darum kümmern, mit unterschiedlichen Kompetenzen, die Sie als Führungskraft steuern müssen.

Dazu gehört, dass Sie

- Ihre Mitarbeiter darüber informieren, welche Leistung sie bis zu welchem Zeitpunkt erbringen sollen,
- fehlende Kompetenzen zukaufen oder dafür sorgen, dass Ihre Mitarbeiter entsprechend qualifiziert werden,
- den Ablauf überwachen, bei Problemen als Ansprechpartner zur Verfügung stehen und geeignete Maßnahmen ergreifen, wenn es Schwierigkeiten gibt.

Sie sind derjenige, der darüber entscheidet, wie vorzugehen ist und wer welche Aufgabe übernimmt. Sie tragen die Gesamtverantwortung, denn Sie steuern den Prozess. Dabei empfiehlt es sich, alle Beteiligten mit in die Verantwortung einzubeziehen. Dazu müssen Sie aber einen Teil Ihrer Verantwortung abgeben.

## Auch Führungskräfte haben Führungskräfte

Eigentlich ist es eine Selbstverständlichkeit, und doch wird dieser Aspekt in der Managementliteratur kaum behandelt: Führungskräfte sind in die Hierarchie der Organisation eingebunden, auch ihre Kompetenz wird wiederum von Führungskräften gesteuert, ihr Gestaltungsspielraum ist begrenzt, manchmal sogar wesentlich enger als der Spielraum ihrer Mitarbeiter. Genau das kann ein zentrales Problem von Führung sein: die Kommunikation mit der nächsthöheren Ebene.

## Werden an Sie zu hohe oder falsche Anforderungen gestellt?

Wir haben es bereits angesprochen: Ihre Arbeit wird daran gemessen, inwieweit es Ihnen gelingt, die komplexe Aufgabe zu erfüllen, die man Ihnen übertragen hat. Diese Aufgabe wird in der Regel von der nächsthöheren Ebene definiert. Damit werden auch die Anforderungen festgelegt. Und genau das kann für Sie zu einer schweren Belastung werden. Überzogene Anforderungen sind schon schlimm genug, doch lassen die sich unter Umständen noch abmildern. Weit ungünstiger ist es, wenn an Sie die falschen Anforderungen gestellt werden, wenn Sie etwas leisten sollen, was Sie gar nicht anstreben oder sogar für falsch halten.

**Beispiel:**

Ute König leitet ein Service-Center für telefonische Kundenanfragen. Die Abteilung genießt einen hervorragenden Ruf wegen der freundlichen und kompetenten Betreuung. Da bekommt Frau König von der Unternehmensleitung die Vorgabe, die durchschnittliche Gesprächsdauer von derzeit acht Minuten sukzessive auf zwei Minuten zu senken.

## Leisten Sie Überzeugungsarbeit

In solchen Fällen haben Sie tatsächlich nur eine Möglichkeit: Versuchen Sie Ihre(n) Vorgesetzten von diesen Vorgaben mit guten Argumenten abzubringen. Leisten Sie intensive Überzeugungsarbeit, was häufig freilich nicht ganz einfach ist. Gelingt es Ihnen nicht, eine Korrektur zu erreichen, sollten Sie darüber nachdenken, was für Sie letztlich sinnvoller ist: die eigene Auffassung entsprechend „anzupassen" oder die

Führungsaufgabe abzugeben, was in manchen Fällen heißen mag, die Stelle zu wechseln.

# Sind Sie eine Führungspersönlichkeit?

Folgen wir der Managementliteratur, so zeichnen sich erfolgreiche Führungskräfte unter anderem durch die folgenden Merkmale aus: Willensstärke, Optimismus, Ausgeglichenheit, Charisma, logisches Denken, Humor, Intuition, Stressresistenz, taktisches Geschick, Ausdauer, Genauigkeit, Zuverlässigkeit, Einfühlungsvermögen, Zukunftsorientierung, Flexibilität und Disziplin.

Ja, so hätten wir sie gern, die vorbildliche Führungspersönlichkeit, die selbstverständlich auch noch über tadellose Umgangsformen verfügt, stets geschmackvoll gekleidet ist, sich gesund ernährt und fünf Fremdsprachen perfekt beherrscht. Der Nachteil ist nur: Solche Menschen gibt es nicht, auch nicht unter Führungskräften, die hervorragende Arbeit leisten.

## Haben Sie Mut zum persönlichen Profil

Was aber zeichnet dann eine Führungspersönlichkeit aus? Der Managementberater Fredmund Malik meint, die hervorstechendste Eigenschaft erfolgreicher Führungskräfte sei ihre Unterschiedlichkeit: „Genau das, wonach immer wieder gesucht wird, nämlich *Gemeinsamkeiten*, gibt es nicht."

Im Prinzip ist dem zuzustimmen. Führungskräfte, gerade gute Führungskräfte, haben ein unverwechselbares Profil mit individuellen Stärken und Schwächen. Daran sollten Sie auch nicht viel ändern.

# Die beiden Kernkompetenzen

Und doch sind nicht alle Menschen als Führungskraft gleich gut geeignet, wie die Erfahrung lehrt. Wenn es auch schwierig ist, die persönlichen Eigenschaften erfolgreicher Führungskräfte auf einen Nenner zu bringen, so lassen sich doch zwei Kernkompetenzen herauspräparieren, die ganz individuell realisiert werden können. Erfolgreiche Führungskräfte

- können gut mit Menschen umgehen,
- denken ergebnisorientiert.

### Können Sie gut mit Menschen umgehen?

Als Führungskraft haben Sie es immer mit Menschen zu tun. Gut mit Menschen umzugehen heißt nicht unbedingt, dass Sie besonders beliebt sein müssen. Auch Führungskräfte, die mit Erfolg nach dem Prinzip „hart, aber fair" verfahren, können auf ihre Weise gut mit Menschen umgehen.

Es geht auch nicht darum, besonders kommunikativ zu sein. Das kann zwar Ihre Arbeit erleichtern, es ist aber keine zwingende Voraussetzung für Ihren Erfolg. Auch wenn Sie ein eher introvertierter, verschlossener Typ sind, können Sie eine exzellente Führungskraft sein.

Es geht vielmehr um einen souveränen Umgang mit Menschen, mit Ihren Mitarbeitern, aber auch mit Ihren Vorgesetzten. Sie sollten im Wesentlichen wissen, wie Sie die anderen zu nehmen haben, erkennen, welche Fähigkeiten sie haben, welche Schwächen, welche Vorlieben, welche Abneigungen. Darauf stellen Sie sich ein und kommen so leichter zum Ziel.

## Denken Sie ergebnisorientiert?

Eine zweite Voraussetzung: Verlieren Sie Ihr Ziel nicht aus den Augen. Als Führungskraft müssen Sie ein gutes Ergebnis erreichen. Bei allem, was Sie planen und unternehmen, steht daher die Frage im Vordergrund: Ist das zielführend?

Zum ergebnisorientierten Denken gehört:

- eine *realistische* Einschätzung, was überhaupt möglich ist, die Kenntnis von Grenzen, aber auch das Aufspüren von Chancen,
- das Verständnis für zeitliche Abläufe und Erkennen von Wirkungszusammenhängen,
- eine konstruktive *(nicht „positive")* Grundhaltung gegenüber Problemen (Was lässt sich unter den gegebenen Umständen noch erreichen?),
- ein verantwortungsvoller Umgang mit dem Risiko, weder Ängstlichkeit noch Tollkühnheit, sondern rationale Folgenabschätzung.

Eine solche pragmatische Ergebnisorientierung ist wesentlich nutzbringender als die oft beschworene „positive Einstellung", der selbstverordnete Zwangsoptimismus, der fatale Folgen haben kann. Denn die Ansicht, alles werde gelingen, wenn man nur fest genug davon überzeugt ist, führt oft zu einem dramatischen Realitätsverlust (siehe dazu auch das Buch von Günter Scheich im Abschnitt „Literatur").

# Wie werden Sie eine Führungspersönlichkeit?

*Die* Führungspersönlichkeit schlechthin gibt es nicht, es gibt nur die unterschiedlichsten Varianten. Schließlich ist die Persönlichkeit nicht beliebig formbar, auch wenn gelegentlich in einschlägigen Publikationen dieser Eindruck erweckt wird. Das heißt nun aber nicht, dass Persönlichkeitsbildung für Führungskräfte nutzlos wäre. Doch handelt es sich dabei um eine höchst individuelle Sache, die im Übrigen niemals abgeschlossen ist.

## Was Sie für Ihre Persönlichkeitsbildung tun können

- Erste Voraussetzung: Analysieren Sie Ihre Stärken und Schwächen (siehe „Stärken-Schwächen-Analyse"). Ein zutreffendes Selbstbild ist ungemein wertvoll.

- Ergebnisorientiertes Denken können Sie sich regelrecht antrainieren. Im Unterschied zum positiven Denken müssen Sie dazu nicht Ihre Überzeugungen auswechseln, sondern nur Ihr Denken auf Ihre Ziele konzentrieren.

- Gut mit Menschen umzugehen lernen Sie nur, indem Sie Erfahrungen sammeln – am besten im praktischen Einsatz in einer Führungsposition.

### Sind Sie nun doch keine Führungspersönlichkeit?

Vielleicht stellen Sie fest, dass es Ihnen gar nicht liegt, Führungsverantwortung zu übernehmen. Sie entmutigen Ihre Mitarbeiter, verzetteln sich, geraten in Panik, sobald etwas nicht nach Ihren Vorstellungen läuft, können nicht delegieren. Oder Sie stellen einfach fest, dass Sie unzufrieden sind, weil Sie vor lauter Führungsaufgaben nicht mehr die Zeit finden, selbst zu arbeiten.

In diesem Dilemma stecken viele hoch qualifizierte Mitarbeiter, die Führungsverantwortung übertragen bekommen haben. Hier gilt es eine Entscheidung zu treffen: Lässt sich das Problem mildern, etwa indem Sie Ihre Führungsverantwortung begrenzen? Oder müssen Sie in Ihre Führungsrolle erst noch hineinwachsen und brauchen lediglich etwas Zeit? Wenn Sie hingegen merken, dass Ihnen diese Rolle grundsätzlich nicht behagt, sollten Sie darüber nachdenken, ob Sie Ihre Fähigkeiten nicht besser nutzen können – ohne sich Führungsverantwortung aufzuladen.

# Müssen Vorgesetzte Leader sein?

Seit einigen Jahren wird das Konzept des Leadership kontrovers diskutiert. Begründet wurde es von Abraham Zaleznik, Professor für Führungsfragen an der Harvard Business School. Zaleznik geht davon aus, dass Führung mehr ist als „nur" gutes Management – Management dabei verstanden als eine Art Führungshandwerk, das Anwenden bewährter Managementtechniken, im Grunde also eine Verwaltungstätigkeit.

„Leadership" hingegen ist mehr, es fordert die ganze Persönlichkeit, Leadership muss gelebt werden, vorgelebt werden.

# Führungskräfte haben Vorbildfunktion

Das Leadership-Konzept lässt sich durchaus kritisieren, doch
macht Zaleznik zu Recht auf einen wichtigen Punkt aufmerksam: Führungskräfte prägen durch ihre Persönlichkeit die
Organisation, in der sie wirken. Dies gilt natürlich in erster
Linie für jene Führungskräfte, die ganz oben stehen.

Es ist nicht gleichgültig, ob der Chef ein kalter Machtzyniker
ist, der seine Mitarbeiter gegeneinander ausspielt, oder je-
mand, der sich stets bemüht, fair zu sein, ob er konservativ
korrekt ist oder kreativ ausgeflippt, ob an der Spitze ein
egomanischer Hektiker steht oder eine besonnene Frau, die
auf Kooperation setzt.

> Eine Organisation wird stark von den Persönlichkeiten geprägt, die oben
> stehen, und von denen, die nach oben kommen. Haben kooperative
> Mitarbeiter keine Chance Karriere zu machen, bleibt das nicht ohne
> Folgen für die gesamte Organisation.

### Müssen Führungskräfte begeistern oder inspirieren?

Leadership bedeutet nicht nur, dass die Führungskraft cha-
rakterlich integer sein muss. Vielmehr soll sie darauf hinwirken, ihre Mitarbeiter zu „inspirieren" und zu „begeistern".

Hier zeigt sich die Schwäche des Konzepts. Denn die Begriffe
der Inspiration und der Begeisterung beschreiben Zustände,
die mit dem Arbeitsalltag nichts zu tun haben. Machen Sie

dies zur Grundlage Ihrer Führung, werden Sie kaum dauerhaften Erfolg erwarten können.

## Checkliste: Führungspersönlichkeit

1 Was überwiegt nach Ihrer Einschätzung: Ihre fachliche Kompetenz oder Ihre Führungskompetenz?

2 Wo sehen Sie Ihre Stärken als Führungskraft?

3 Wo sehen Sie Ihre Schwächen und Defizite als Führungskraft?

4 Übernehmen Sie gerne Verantwortung?

5 Denken Sie ergebnisorientiert?

6 Wie ist der „persönliche Draht" zu den Menschen, die Sie führen?

7 Kennen Sie die besonderen Vorlieben/Abneigungen Ihrer Mitarbeiter – bezogen auf ihre Arbeit?

8  Können Sie Menschen mit unterschiedlichem Hintergrund dazu bewegen zusammenzuarbeiten?

9  Merken Sie schnell, welche Personen gut zusammenarbeiten können und welche nicht zurechtkommen?

10  Fällt es Ihnen schwer, Mitarbeiter auf Fehler aufmerksam zu machen?

11  Trauen Sie sich neue Führungsaufgaben zu?

12  Was reizt Sie an einer Führungsaufgabe?

Diese Checkliste soll Ihnen helfen, sich selbst als Führungspersönlichkeit besser einzuschätzen. Mit ihrer Hilfe können Sie den äußerst wichtigen Prozess der Auseinandersetzung mit der eigenen Persönlichkeit anstoßen. Sie ist nicht dazu gedacht, Ihre Eignung zu bestätigen oder in Zweifel zu ziehen.

# Selbstmanagement

Effektives Selbstmanagement ist eine wesentliche Voraussetzung für den Erfolg einer Führungskraft. Führungskräfte müssen für Ordnung sorgen, auch und gerade in den oft beschworenen „chaotischen Zeiten" beschleunigten Wandels. Das gelingt nur, wenn Sie sich selbst gut strukturieren.

In diesem Kapitel erfahren Sie wie Sie

- Ihre eigenen Stärken und Schwächen herausfinden,
- Arbeitsabläufe optimal organisieren,
- Ihre Ziele ableiten und priorisieren und
- sich die Zeit professionell einteilen.

# Stärken–Schwächen–Analyse

Als Führungskraft sollten Sie wissen, was Sie sich zutrauen können und wo es brenzlig wird, wo Ihre Stärken liegen und Ihre Schwachpunkte. Ohne ein halbwegs realistisches Selbstbild laufen Sie Gefahr

- Aufgaben zu übernehmen, für die andere besser geeignet wären als Sie,
- schlecht zu planen und in Zeitdruck zu geraten, weil Sie Ihren Bedarf falsch eingeschätzt haben,
- ein hohes Maß an Energie in Aufgaben zu investieren, in denen Sie nur mittelmäßige Ergebnisse erbringen,
- Ihre eigentlichen Stärken zu vernachlässigen, anstatt sie auszubauen.

## Wir schätzen uns selbst meist nicht richtig ein

Es ist eine psychologische Tatsache, dass Menschen sich selbst nur sehr selten zutreffend einschätzen. Viele sind sich über eklatante Schwächen keineswegs im Klaren, während sie andererseits ihre eigentlichen Stärken übersehen, weil sie ihnen selbstverständlich erscheinen.

### Schwächen zeigen sich an Ergebnissen

Wir neigen dazu unsere Schwächen wegzuerklären. Wenn irgendetwas nicht funktioniert, gibt es dafür immer eine gute Erklärung: Die Umstände sind schuld, der Zufall, die Unfähigkeit der anderen. In unseren Gedanken erscheint unser Verhalten häufig sehr schlüssig. Wir konnten gar nicht anders.

Die anderen aber nehmen unsere Gedanken nicht wahr, sondern nur unsere Taten. Im Ergebnis führt dies zu dem interessanten Effekt, dass aufmerksame Mitmenschen unser Verhalten oftmals viel besser vorhersagen können als wir selbst.

**Beispiel:**

 „Pfefferle will den kompletten Bericht am 28. Oktober abgeben. Also werden wir die erste Version wohl am 6. November bekommen und alle Zahlen am 12. November beisammen haben", kommentiert der Vertriebsleiter. Pfefferle selbst ist zu diesem Zeitpunkt noch ehrlich davon überzeugt, dass er den Oktobertermin halten wird, obwohl er noch nie einen vollständigen Bericht pünktlich abgegeben hat.

## Warum wir uns über unsere Stärken täuschen

Wir sind uns aber nicht nur über unsere Schwächen im Unklaren, sondern auch über unsere eigentlichen Stärken. Dafür gibt es zwei Gründe:

- Wir übersehen unsere Stärke, weil uns die damit verbundene Tätigkeit besonders leicht fällt. Wir halten unsere Leistung für selbstverständlich.

- Wir verwechseln unsere Stärken mit Fähigkeiten, die wir gerne hätten, für die wir aber gar nicht so begabt sind. Tatsächlich investieren wir sehr viel Energie und erreichen nur mittelmäßige Resultate.

# Wie Sie zu einem realistischen Selbstbild gelangen

Im Prinzip gibt es nur einen Weg zu einem realistischen Selbstbild: Der neutrale Blick von außen. Das bedeutet, Sie müssen sich in gewissem Sinne selbst überlisten. Dazu stehen Ihnen drei Möglichkeiten offen:

- Coaching: Sie lassen sich von einer vertrauenswürdigen, neutralen Person beobachten und beurteilen.

- Bewertung: Sie lassen sich von Ihren Mitarbeitern, Vorgesetzten, Kollegen oder Kunden beurteilen. Die Ergebnisse sollten Sie sorgfältig interpretieren, eventuell in einem Feedback-Gespräch.

- Protokoll: Sie zeichnen auf, was wichtig ist, und analysieren sich selbst – allerdings mit zeitlichem Abstand.

## Die Feedback-Analyse

Der Managementberater Peter Drucker empfiehlt die dritte Methode, die er „Feedback-Analyse" nennt. Dabei geht es um schonungslose Selbstanalyse anhand von Protokollnotizen: „Sobald Sie eine Schlüsselentscheidung treffen oder etwas Entscheidendes unternehmen, sollten Sie sich notieren, mit welchen Auswirkungen Sie rechnen. Neun oder zwölf Monate später sollten Sie vergleichen, was tatsächlich eingetreten ist", rät Drucker.

Tatsächlich hilft Ihnen der zeitliche Abstand, die Dinge nüchterner und zutreffender zu beurteilen, wenn Sie die Notizen von damals mit dem Wissen von heute durchmustern. Bedingung ist allerdings, dass Sie Ihre Einschätzung schriftlich festgehalten haben. Wenn Sie später versuchen im Gedächtnis zu rekonstruieren, wie ein bestimmtes Projekt abgelaufen ist, funktioniert die Selbstüberlistung nicht.

## Wie erkennen Sie Ihre Stärken und Ihre Schwächen?

Einige Hinweise für Ihre Stärken-Schwächen-Analyse:

- Nehmen Sie nur solche Eigenschaften unter die Lupe, die für Ihre Führungsaufgabe relevant sind. Wenn Ihre große Schwäche das Kopfrechnen ist, dann spielt das in einer Position, in der Sie nie in die Verlegenheit kommen werden zu rechnen, nicht die geringste Rolle.

- Trennen Sie zwischen Meinungen und Tatsachen. Wenn Sie glauben, dass Ihre Stärke darin besteht, andere mitzureißen, dann fragen Sie sich, worauf sich diese Annahme gründet. Gab es solche Situationen? Was ist genau geschehen? Wodurch ist es Ihnen gelungen, andere zu begeistern? Wen haben Sie begeistern können? Sind Sie bei anderen möglicherweise auf Widerstand gestoßen?

- Achten Sie auf Dinge, die Ihnen leicht fallen. Sehr oft verbirgt sich hier eine Stärke, die Sie ohne großen Aufwand weiter ausbauen können.

- Tätigkeiten, die Ihnen zurzeit schwer fallen und wenig Vergnügen machen, müssen keineswegs Ihre Schwäche sein. Vor allem dann nicht, wenn es sich um anspruchsvolle Aufgaben handelt. Das entscheidende Kriterium ist:

Welche Resultate bringen Sie zustande? Und wäre unter den gegebenen Umständen ein besseres Resultat zu erzielen gewesen?

- Unterscheiden Sie bei Ihren Stärken Wunsch und Wirklichkeit. Nicht, was Sie gerne tun, was Sie erreichen wollen, ist ausschlaggebend, sondern was Sie bereits getan haben.

# Checkliste: Stärken-Schwächen-Analyse

Wichtig: Die folgende Liste stellt nur eine Anregung dar. Sie sollten sie Ihren individuellen Anforderungen anpassen.

| Eigenschaft | Bewertung (0–10 Punkte) |
| --- | --- |
| Meine Abteilung und ich sind gut organisiert. | |
| Ich bin für meinen Bereich fachlich kompetent. | |
| Entscheidungen treffe ich sicher und überlegt. | |
| Durch Kreativität entwickeln wir Lösungen und neue Produkte. | |
| Meine Mitarbeiter setze ich nach ihren Fähigkeiten ein. | |
| Ich kann meinen Standpunkt gut vertreten. | |
| Ich kann gut zuhören. | |
| Ich kann mich durchsetzen. | |
| Ich fördere die Ideen meiner Mitarbeiter. | |
| Ich bin jederzeit ansprechbar. | |
| Ich behandle meine Mitarbeiter fair. | |
| Ich habe keine Scheu vor unangenehmen Aufgaben. | |

| Eigenschaft | Bewertung (0–10 Punkte) |
|---|---|
| Ich übe konstruktiv Kritik. | |
| Ich kann gut mit Kritik umgehen. | |
| Ich arbeite diszipliniert. | |
| Ich informiere meine Mitarbeiter klar und umfassend. | |
| Zeitliche Vereinbarungen halte ich pünktlich ein. | |
| Ich sorge für ein gutes Arbeitsklima. | |
| Ich komme gut mit schwierigen Mitarbeitern zurecht. | |
| Die Bedürfnisse unserer Kunden sind mir bekannt und ich arbeite an der Verbesserung unseres Angebots. | |
| Die Leistungen meiner Abteilung kann ich klar beurteilen. | |
| **Gesamtpunktzahl** | |

**Ergebnis:** Es geht nicht darum, einen möglichst hohen Gesamtwert zu erreichen, sondern sein Profil zu erkennen. Liegt Ihre Gesamtpunktzahl über 180, neigen Sie vermutlich dazu, sich ein wenig zu enthusiastisch zu beurteilen. Wenn Ihre Gesamtpunktzahl unter 80 Punkten liegt, sind Sie entweder zu selbstkritisch oder aber Sie sollten generell überlegen, ob es richtig ist, Führungsverantwortung zu übernehmen. So gesehen liegt ein „optimales" (nämlich weiterführendes) Ergebnis im Bereich von 110 und 160.

## Stärken und Schwächen managen

Es kommt nun darauf an, welche Konsequenzen Sie aus Ihrer Analyse ziehen. Versuchen Sie nicht, primär Ihre Schwächen loszuwerden, denn dies ist auch bei großem Einsatz nur eingeschränkt möglich.

Konzentrieren Sie sich ganz auf Ihre Stärken und versuchen Sie, sie weiter auszubauen, um Spitzenleistungen zu erreichen. Für Ihre Schwächen suchen Sie sich Unterstützung bei anderen. Sie erzielen mit geringerem Aufwand bessere Resultate, wenn Sie auf vorhandenen Stärken aufbauen.

Doch ist es nicht immer möglich, seine Schwächen einfach auf sich beruhen zu lassen und die Aufgaben an andere abzugeben. Wenn Sie beispielsweise merken, dass Sie Schwierigkeiten haben, die Leistungen Ihrer Mitarbeiter angemessen zu beurteilen, können Sie sich dennoch nicht Ihrer Verantwortung entziehen. Auch wenn es für Sie mühsam und nur eine lästige Pflicht ist, sollten Sie es sich etwas Anstrengung kosten lassen, Ihre Fähigkeit zu verbessern.

# Selbstorganisation

Führungskräfte sollen Unwägbarkeiten nicht erzeugen, sondern *managen*, also für die eigenen Ziele nutzen. Dies gelingt nur, wenn Sie gut organisiert sind. In Ihrem unmittelbaren Umfeld sollten Sie alles so überschaubar wie möglich halten. Komplexität entsteht ganz ohne unser Zutun.

# Führung braucht Ordnung

Wenn Sie arbeitsfähig bleiben wollen, müssen Sie permanent für Ordnung sorgen – als erstes auf Ihrem Schreibtisch.

## Halten Sie alles so einfach wie möglich

Ihre erste Maxime sollte sein, für Einfachheit zu sorgen. Wo immer es möglich ist – vereinfachen Sie. Sorgen Sie für ein einfaches Ablagesystem, für einfache Regeln und Verfahren. Kompliziert werden die Dinge von allein. Dabei dürfen Sie freilich nur so weit vereinfachen, wie es die Dinge oder Ihre Aufgaben zulassen. Doch bleibt Ihnen da sicherlich ein größerer Spielraum, als Sie vielleicht annehmen.

## Verzichten Sie auf alles Überflüssige

Maxime Nummer zwei: Was Sie in absehbarer Zeit nicht wirklich brauchen, muss aussortiert werden: Schriftstücke, Aufgaben, Geräte oder Aufträge. Entrümpeln Sie, wo immer es geht.

## Hinterlassen Sie stets einen aufgeräumten Schreibtisch

Dritte Maxime: Verhindern Sie, dass Dinge liegen bleiben – auch ganz buchstäblich auf Ihrem Schreibtisch. Räumen Sie Ihren Schreibtisch auf, bevor Sie ihn verlassen. Was an Schriftstücken und Notizzetteln darauf herumliegt, ordnen Sie dort ein, wo es hingehört und wo Sie es schnell wiederfinden – oder Sie werfen es weg.

## Hindern Sie sich daran, Fehler zu machen

Immer wieder kommen ärgerliche kleine Fehler vor, die manchmal eine überraschend große Wirkung haben. Wir vergessen Dinge, lassen sie fallen oder drücken die falsche Taste. Um diesen kleinen Fehlern zu begegnen, haben japanische Unternehmen kleine, aber wirksame Vorkehrungen getroffen, so genannte *Poka-Yokes*. Versuchen Sie für Ihren eigenen Bereich solche *Poka-Yokes* zu entwickeln, ähnlich wie im folgenden Beispiel:

**Beispiel:**

Im Krankenhaus liegen alle chirurgischen Instrumente für eine bestimmte Operation auf einem Tablett mit Vertiefungen für jedes Instrument. Hat der Chirurg vor dem Vernähen des Schnitts nicht alle Instrumente zurückgelegt, fällt das sofort auf.

Schreiben Sie die „kleinen Probleme" auf, die Ihnen hin und wieder Ärger bereiten: Schlüssel, die nicht auffindbar sind, Akten, die zu Hause gelassen werden, Geräte, die man nicht abgeschaltet hat – und finden Sie dazu passende *Poka-Yokes.*

# Zielmanagement

Ziele geben Ihrem Handeln Richtung. Ein ganz wesentlicher Teil von Führung besteht darin, Ihren Mitarbeitern Ziele zu geben – und zwar die richtigen Ziele (siehe „Führen mit Zielvereinbarungen"). Nicht alle Ziele können Sie als Führungskraft selbst festlegen. Oberziele sind in der Regel vorgegeben. So sollen Sie zum Beispiel dafür sorgen, dass Ihre Abteilung ein bestimmtes Umsatzziel erreicht oder einen anderen, wohl definierten Beitrag zum Erfolg des Ganzen leistet.

Zielmanagement hat im Wesentlichen drei Aufgaben:

- Ziele klar und präzise zu fassen,
- Ziele zu strukturieren und Prioritäten zu setzen,
- allgemeine Oberziele auf konkrete Unterziele (für Mitarbeiter oder Projektteams) herunterzubrechen.

# Konkretisieren Sie Ihre Ziele

Als erstes sollten Sie Ihre Ziele möglichst präzise bestimmen. Zunächst gilt es zu unterscheiden zwischen den Vorgaben, die Sie auf Ihrer Position zu erfüllen haben, und Zielen, die Sie sich selbst setzen. Das eine ist die Pflicht, das andere die Kür.

### Ziele müssen messbar sein

Die erste Anforderung, der ein Ziel genügen muss: Es muss zweifelsfrei erkennbar sein, ob Sie es erreicht haben oder nicht. Ziele wie „Wir wollen einen exzellenten Kundendienst bieten", „Der Kundennutzen steht für uns im Vordergrund" oder „Wir wollen besser sein als die Konkurrenz" mögen durchaus ehrenwert sein, doch müssen sie konkretisiert werden, sonst bleiben sie unverbindlich und damit wirkungslos. Ihre Ziele müssen messbar sein.

Es muss vorher festgelegt werden, wodurch dieses Ziel erreicht wird. Dabei können Sie durchaus mehrere Messgrößen einführen.

**Beispiel:**

> Den „exzellenten Kundenservice" können Sie etwa messbar machen durch die durchschnittliche Zeitspanne zwischen Fehlermeldung und Fehlerbehebung oder mittels Bewertung durch die Kunden, die Sie durch einen Fragebogen erfassen.

Im Vordergrund Ihrer Zielbestimmung muss die Frage stehen: Was ist das Wesentliche? Worauf kommt es an? Erst dann sollten Sie sich um die Frage kümmern, wie man messen kann. Ansonsten besteht die Gefahr, dass Sie sich vor allem um solche Ziele kümmern, die am leichtesten messbar sind – ein verbreiteter, aber verhängnisvoller Fehler.

## Sorgfalt bei den Messgrößen

Wichtige Ziele lassen sich oftmals nicht direkt messen. Dann müssen Sie sie einkreisen, indem Sie möglichst aussagekräftige Indikatoren festlegen, und zwar mehrere. Die Schnelligkeit, mit der die Kundenaufträge bearbeitet werden, ist sicherlich ein wichtiger Indikator für die Qualität des Services, sie darf aber auf keinen Fall der einzige sein. Sonst bekommen Sie vielleicht einen schnellen, aber unzuverlässigen Kundendienst.

Darüber hinaus gilt es zu überlegen, welches Maß sinnvollerweise angestrebt werden sollte. Erhöhen Sie die Schnelligkeit, mit der Ihr Kundendienst arbeiten muss, über ein bestimmtes Maß, so verursacht das hohe Kosten, geht zulasten der Gründlichkeit und dürfte für die Kunden nur von begrenztem Nutzen sein.

# Bringen Sie Ordnung in Ihre Ziele

Viele Führungskräfte nehmen sich eine Menge Ziele vor: Umsatz steigern, Zahl der Fehltage reduzieren, Reklamationen senken, Betriebsklima verbessern, Sitzungen effektiver gestalten, Konflikte frühzeitig schlichten, Webauftritt neu konzipieren, ein neues Mitarbeiterbewertungssystem einführen und, und, und.

Das alles ist wichtig. Wenn nur eine Sache schief geht, kann das sehr unangenehme Folgen haben. Und doch ist es nicht möglich, alle Ziele zugleich mit der gleichen Intensität zu verfolgen. Wenn Sie Ihre Ziele erreichen wollen, müssen Sie ihre Anzahl radikal begrenzen.

## Was ist wirklich wichtig?

Je weniger Ziele Sie sich vornehmen, desto stärker können Sie Ihre Kräfte konzentrieren und umso besser werden die Ergebnisse sein, die Sie erreichen. Im beruflichen Alltag scheint diese Konzentration schwierig zu sein, denn als Führungskraft werden Sie oft mit allen möglichen Anforderungen und Erwartungen überhäuft.

Umso wichtiger ist es, dass Sie hier aktiv gegensteuern. Setzen Sie klare Prioritäten. Was ist im Moment die wichtigste Aufgabe, die Sie erfüllen müssen? Was ist zurzeit Ihr Thema? Wenn Sie sich darauf konzentrieren, haben Sie alle Energien frei, die sonst gebunden wären.

> Kommt es an irgendeiner Stelle zu ernsthaften Schwierigkeiten, entsteht akuter Handlungsbedarf und Sie müssen Ihre Prioritäten ändern. Oder Sie delegieren (siehe „Richtig delegieren") bestimmte Ziele an einen Ihrer Mitarbeiter, während Sie sich um Ihr Hauptziel kümmern.

Das Optimum, das Sie anstreben sollten: Nie mehr als ein Ziel gleichzeitig in den Mittelpunkt stellen. Sonst verzetteln Sie sich und erreichen gar nichts. Die anderen Hauptziele behalten Sie im Auge, wobei Sie auch ihre Anzahl strikt begrenzen sollten – auf höchstens sieben Ziele. Machen Sie sich klar: Jedes Ziel, das Sie nicht verfolgen, setzt Ressourcen frei für die verbleibenden Ziele.

# Wie Sie Oberziele herunterbrechen

Die dritte Aufgabe beim Zielmanagement besteht darin, die großen Ziele oder Vorgaben „herunterzubrechen", sie in überschaubare kleine Ziele aufzuteilen, und zwar in zweifacher Hinsicht:

- Mitarbeiterebene: Sie unterteilen das große Ziel in lauter individuelle Ziele, die Ihre Mitarbeiter erreichen müssen (siehe „Führen mit Zielvereinbarungen").

- Zeitliche Ebene: Sie gliedern das große Ziel in mehrere Etappen, definieren „Meilensteine", die zu einem bestimmten Zeitpunkt erreicht sein müssen.

Bei der „Verteilung" auf die Mitarbeiter sollten Sie überlegen: Wer kann welchen Beitrag leisten, welche Aufgabe übernehmen? Ideal ist es, wenn sich die Aufgaben klar voneinander abgrenzen lassen. Dann ist der Koordinationsbedarf gering und die Verantwortung lässt sich klar erkennen. Vermeiden Sie unbedingt, dass sich Zuständigkeiten überschneiden oder Aufgaben doppelt besetzt werden. Das schafft Konflikte und demotiviert.

Bei der zeitlichen Aufteilung hat es sich bewährt, vom Ende her nach vorn zu planen, also als Erstes festzulegen, an welchem Termin das Gesamtziel erreicht sein soll, und dann die einzelnen Etappen zu verteilen.

# Zeitmanagement

Zeitmangel gilt nach wie vor als eine Art Statussymbol und nicht als Ausdruck mangelhafter Planung: Wer keine Zeit hat, ist viel beschäftigt und wichtig.

Dabei eröffnen sich oft ganz neue Möglichkeiten, wenn man professionelles Zeitmanagement betreibt. Machen Sie sich aber klar, dass Zeitmanagement selbst auch Zeit in Anspruch nimmt, gerade am Anfang.

## Die Grundsätze des Zeitmanagements

Will man die unterschiedlichen Methoden des Zeitmanagements auf einen gemeinsamen Nenner bringen, so ergeben sich fünf Grundsätze, denen zu folgen ist:

1   Ist-Zustand erfassen und analysieren,

2   „Zeitfresser" eliminieren,

3   wichtigen Aufgaben Vorrang geben,

4    Unterbrechungen unterbinden, „Blockzeiten" ermöglichen,

5    durch maßgeschneiderte Planung Zeit gewinnen.

## 1 Dokumentieren Sie den Ist-Zustand

Bevor Sie eine Verbesserung herbeiführen können, müssen Sie die aktuelle Situation erfassen. Halten Sie genau fest, womit Sie Ihren Arbeitstag verbringen: wann Sie mit welchen Tätigkeiten beschäftigt sind, mit welchen Personen Sie zu tun haben und welche Störungen aufgetreten sind.

Wenn sich zeigen sollte, dass Ihr Arbeitstag zerhackt ist in lauter kleine Aufgaben, dass Sie in Ihren Tätigkeiten ständig unterbrochen werden, dass Sie die meiste Zeit in Sitzungen zubringen, bei denen nicht viel herauskommt, nun, dann haben Sie durchaus keinen untypischen Arbeitstag für eine Führungskraft, einen Arbeitstag allerdings, der sich durch Zeitmanagement effektiver gestalten lässt.

Die Zeitprotokolle haben zwei Funktionen: Zum einen wird erkennbar, wo Verbesserungspotenzial besteht. Zum zweiten ergeben sich aber auch Anhaltspunkte für Ihren persönlichen Arbeitsstil.

Achten Sie darauf, unter welchen Bedingungen Sie am produktivsten sind: Wenn Sie allein und völlig ungestört sind? Oder im Dialog mit einem engen Mitarbeiter? Im Team oder im Anschluss an eine Sitzung? Wenn Sie unter Zeitdruck geraten oder wenn Sie sich von allen Zwängen befreit fühlen? Sind Sie frühmorgens am leistungsfähigsten, am Vormittag, nachmittags oder abends – womöglich nach Dienstschluss? Das sollten Sie wissen, damit Sie besser planen können.

## 2 Eliminieren Sie die Zeitfresser

Wenn Sie Ihr Zeitprotokoll durchmustern, werden Sie sicher eine ganze Reihe von „Zeitfressern" entdecken, das sind Umstände, die dafür sorgen, dass Sie viel Zeit verlieren. Solche Zeitfresser sind zum Beispiel:

- unproduktive Sitzungen und Besprechungen,

- unstrukturiertes Vorgehen: Sie haben „keinen Plan" und probieren erst einmal alle möglichen Dinge aus,

- mangelnde Ordnung und Organisation: Wer Unterlagen, Notizen oder Telefonnummern suchen muss, verliert Zeit,

- Perfektionismus und Übervorsicht: Alles klären zu wollen, sich doppelt und dreifach abzusichern kostet viel Zeit,

- unwesentliche Aufgaben, die Sie sich haben aufdrängen lassen,

- unangemeldete Besucher, die Ihre Zeit beanspruchen,

- Aufgaben, bei denen absehbar ist, dass Sie sie nicht zu Ende führen,

- Aufgaben, die Sie noch zu Ende führen, obwohl absehbar ist, dass sie nicht viel bringen.

Wenn Sie solche „Zeitfresser" systematisch eindämmen, können Sie schon viel Zeit gewinnen. Sie erreichen das durch bessere Organisation, Konzentration auf die wesentlichen Aufgaben und durch Delegation.

Doch Vorsicht – auch die leistungsfähigste Führungskraft kann nicht immer nur „produktiv" sein. Stolpern Sie nicht in die Effektivitätsfalle, denn Sie brauchen Phasen der Entspannung, der Ablenkung, in denen Sie gar nichts oder etwas ganz anderes tun. Solche Zeiten sind ungemein wichtig, sie sind die Quelle schöpferischer Ideen.

## 3 Erledigen Sie die wichtigsten Dinge zuerst

Häufig wenden sich Führungskräfte zunächst den Aufgaben zu, die sich relativ schnell erledigen lassen, den Routineaufgaben, dem „Kleinkram", den sie „hinter sich bringen" wollen. Im Ergebnis führt das dazu, dass für die Tätigkeiten, auf die es eigentlich ankommt, keine Zeit mehr bleibt.

Effektives Zeitmanagement bedeutet, dass Ihre wichtigsten Aufgaben auch vorrangig zu behandeln sind. Erst wenn die erledigt sind, sollten Sie sich weniger bedeutsamen Dingen zuwenden.

Und wenn die nun liegen bleiben? Dazu hat der Managementberater Peter Drucker formuliert: „Effective executives do first things first and second things not at all!" Das mag etwas zugespitzt formuliert sein, doch trifft es den Kern: Als Führungskraft ist es nicht Ihre Aufgabe, Ihre Zeit mit „zweitwichtigen" Dingen zuzubringen.

Natürlich gibt es neben der „Wichtigkeit" noch eine weitere Unterscheidung, nämlich zwischen „dringlich" und „weniger dringlich". Dringliche Aufgaben, die aber weniger wichtig sind, sollten Sie nach Möglichkeit delegieren (siehe „Richtig delegieren").

# 4 Unterbinden Sie Unterbrechungen

Wie Studien zeigen, werden Führungskräfte in ihrer Arbeit ständig unterbrochen. Vor allem das Telefon sorgt dafür, dass sie immer wieder aus ihrer Arbeit herausgerissen werden. Diesen Effekt sollten Sie unterbinden, wenn Sie als Führungskraft wirksam sein wollen, denn Unterbrechungen machen konzentriertes Arbeiten unmöglich.

> Planen Sie feste Zeiten ein, wann Sie zu sprechen sind. Jeder, der etwas von Ihnen will, wird diese Zeiten respektieren. Davon abgesehen sollten Sie sich auch bei Ihren kommunikativen Aufgaben, etwa bei einem Mitarbeitergespräch, nicht von anderen unterbrechen lassen.

Nicht immer lassen sich Unterbrechungen ganz unterbinden. Doch sollten Sie darauf hinwirken, dass Sie wenigstens zeitweilig ungestört sein können. Organisieren Sie Ihre Arbeit in möglichst viele „Blockzeiten". Und erledigen Sie alle Anrufe, die Sie selbst führen müssen, an einem Stück hintereinander. Ein solcher „Telefonblock" ist wesentlich effizienter, als alle Telefonate über den gesamten Arbeitstag zu verteilen.

# 5 Intelligente Planung spart Zeit

Zeitmanagement heißt vor allem Terminplanung. Wenn Sie Ihre Aktivitäten und Aufgaben sorgfältig planen, werden Sie Ihre Effizienz erhöhen, und zwar mit steigender Tendenz, denn Sie lernen sich und Ihren persönlichen Zeitbedarf für bestimmte Aufgaben immer besser kennen. Darüber hinaus wirkt es disziplinierend, wenn Sie wissen, für eine bestimmte Aufgabe steht Ihnen eine vorher definierte Zeitspanne zur Verfügung.

# So sparen Sie im Arbeitsalltag Zeit

Intelligente Planung beginnt mit einfachen Tricks, die leicht unterschätzt werden, weil sie so „nahe liegend" sind. Doch kommt es darauf an, sie auch wirklich konsequent umzusetzen. Das ist gar nicht so selbstverständlich, wie es den Anschein hat. In der Summe können Sie ohne großen Aufwand viel Zeit gewinnen.

## Ein Terminplaner für alles

Sehr viele Führungskräfte haben mehrere Terminplaner: Einen im Computer, ein Timesystem-Ringbuch aus Leder, einen auf dem Schreibtisch ihrer Sekretärin, einen kleinen für unterwegs und/oder ein Smartphone, ebenfalls für unterwegs. Und nicht zu vergessen die hundert kleinen fliegenden Zettel, auf denen die wichtigen Termine notiert sind, die nur noch übertragen werden müssen.

Ein solches Durcheinander sollten Sie unbedingt vermeiden. Es muss einen einzigen Terminplaner geben, der absolut verbindlich ist. Parallel können Sie auch die „Push-" und „Pull"-Dienste von Smartphones nutzen.

Hinweis: Mehr Informationen dazu finden Sie im Taschen-Guide „Zeitmanagement".

## To do- und Masterlisten

Nicht alle Aufgaben lassen sich auf bestimmte Termine verteilen. Für solche Zwecke gibt es die so genannte „To do"-Liste. Hier schreiben Sie alles auf, was Sie erledigen wollen.

Haben Sie die Aufgabe erfüllt, streichen Sie sie durch. Die aktuelle „To do"-Liste gehen Sie jeden Tag durch.

Für übergeordnete Ziele, langfristige Aufgaben oder geplante Projekte können Sie außerdem noch eine Masterliste führen. Sie dient Ihnen zur Orientierung („Was möchte ich erreichen?") und ist Ihnen bei der Planung neuer Termine von großem Nutzen.

## Zeitmanagement als tägliche Routine

Die Wirksamkeit von Zeitmanagement zeigt sich erst, wenn es Ihnen sozusagen in Fleisch und Blut übergegangen ist. Gerade zu Anfang werden Sie vielleicht erleben, dass Ihr Zeitmanagement Sie mehr Zeit kostet als Sie dadurch einsparen.

Doch diese Phase sollten Sie durchstehen und auch dabei bleiben. Zeitmanagement sollte zu Ihrer täglichen Routine werden. Wenn Sie nur zehn Minuten zu Anfang jeden Arbeitstages dem Zeitmanagement widmen, werden Sie schon einen spürbaren Effekt erzielen. Noch besser läuft die Planung, wenn Sie weitere zehn Minuten am Ende jedes Arbeitstages erübrigen.

## Termincontrolling

Sie können die Effektivität Ihres Zeitmanagements erhöhen, wenn Sie nicht nur künftige Termine planen, sondern knapp protokollieren, wie Ihr Arbeitstag tatsächlich abgelaufen ist. Ist alles ganz anders gekommen als geplant? Hatten Sie für ein Mitarbeitergespräch 30 Minuten veranschlagt und waren nach zehn Minuten eigentlich durch? Oder haben Sie für eine Aufgabe viel länger gebraucht als Sie dachten?

Solche Informationen sind eminent wichtig. Sie helfen Ihnen, Ihre Planung in Zukunft zu verbessern. Natürlich läuft nicht jedes Mitarbeitergespräch gleich ab, aber Sie werden feststellen, dass Sie bei der Abschätzung Ihres Zeitbedarfs immer sicherer und genauer werden.

# Mitarbeiter führen

Führen bedeutet, dass Sie Ihre Mitarbeiter entsprechend ihrer Fähigkeiten einsetzen. Dazu gehört auch, ihnen Aufgaben und somit im richtigen Maß Verantwortung zu übertragen. Das sorgt für Zufriedenheit und motiviert meist nachhaltiger als Sach- oder Geldleistungen.

In diesem Kapitel erfahren Sie wie Sie

- Positionen mit den geeigneten Mitarbeiten besetzen,
- Ihren Mitarbeitern Aufgaben übertragen,
- mit Ihren Mitarbeitern Ziele vereinbaren,
- Ihre Mitarbeiter motivieren.

# Kompetenzmanagement

Als Führungskraft haben Sie dafür zu sorgen, dass die richtigen Leute die richtigen Dinge tun. Diese verantwortungsvolle Aufgabe wird an Bedeutung weiter zunehmen, denn der Gestaltungsspielraum wird in den meisten Organisationen größer. Dafür gibt es drei Gründe:

- Die Zahl der Aufgaben, bei denen die klassische Arbeitsteilung nicht mehr greift, nimmt stetig zu. Die Stellenbeschreibungen, die traditionellerweise festlegen, wer wofür zuständig ist, geben allenfalls einen Anhaltspunkt.

- Die Mitarbeiter verfügen über vielfältige „Skills", sie sind damit flexibler und vielfältiger einsetzbar.

- In vielen Bereichen hat die Bedeutung von freien Mitarbeitern, Kooperationspartnern oder selbstständigen Betriebseinheiten stark zugenommen. Sie müssen entscheiden, ob Sie eine bestimmte Leistung selbst erbringen oder auslagern wollen, und wenn Sie auslagern, wohin?

## Sie entscheiden: Wer macht was?

Sie müssen die komplexe Aufgabe, für die Sie zuständig sind, auf Ihre Mitarbeiter oder externe Ressourcen verteilen. Ihr Gestaltungsspielraum wird dabei durch zwei Faktoren begrenzt: Funktion und Tradition.

### Wer ist dafür zuständig?

Jeder Mitarbeiter in einer Organisation hat eine bestimmte Funktion, die gewöhnlich in der Stellenbeschreibung zum

Ausdruck kommt. Er muss über bestimmte Fertigkeiten verfügen und spezielle Kenntnisse besitzen.

## Wer hat sich bereits bewährt?

Sobald ein Mitarbeiter irgendwann einmal eine bestimmte Aufgabe übernimmt, kann sich eine „Tradition" bilden. Ist später eine ähnliche Aufgabe zu übernehmen, so liegt es nahe, den bewährten Mitarbeiter damit zu beauftragen. In vielen Fällen wird er das auch erwarten und wäre enttäuscht, wenn er plötzlich übergangen würde.

> Unterschätzen Sie Traditionen nicht. Wenn Sie einen anderen Mitarbeiter mit der Aufgabe betrauen, sollten Sie das demjenigen gegenüber, der sich zuständig fühlt, ansprechen und für Ausgleich sorgen.

## Nicht immer ist der Kompetenteste die beste Wahl

Für eine Führungskraft ist es oft nicht einfach zu beurteilen, wer für eine bestimmte Aufgabe am kompetentesten ist. Aber auch wenn Sie das wissen, ist es nicht immer ratsam, die Aufgabe auch dem Kompetentesten zu übertragen, zum Beispiel in den folgenden Fällen:

- Wenn Sie davon ausgehen können, dass sich der weniger erfahrene Mitarbeiter für die Aufgabe stärker engagiert als der „alte Hase".

- Wenn sich der weniger routinierte Mitarbeiter zugunsten der gesamten Abteilung qualifizieren kann.

- Wenn Sie den Kompetentesten für wichtigere Aufgaben brauchen.

Sofern Sie erwarten können, dass der weniger erfahrene Mitarbeiter in der Lage ist, die Aufgabe zu erfüllen, kann es ein geeignetes Mittel sein, Mitarbeiter wirklich zu motivieren: Übertragen Sie ihnen eine Aufgabe, bei der sie zeigen können, was sie zu leisten vermögen.

## Sagen Sie präzise, was Sie erwarten

Manche Führungskräfte formulieren eher vage, was ihre Mitarbeiter leisten sollen. Sie wollen die Mitarbeiter nicht bevormunden. Als Führungskraft können Sie dagegen sehr wohl präzise angeben, was Ihre Mitarbeiter leisten sollen – ohne sie zu bevormunden. Vielmehr geben Sie ihnen die nötige Orientierung. Und genau das ist auch Ihre Aufgabe als Führungskraft. Es ist eine wichtige Fähigkeit, den Mitarbeitern angemessene Vorgaben zu machen – solche, die sie fordern, aber nicht überfordern.

**Beispiel:**

 „Wir haben im vergangenen Quartal in Norddeutschland 300 Kunden verloren", informiert der Geschäftsführer den Vertriebsleiter. „Ich erwarte von Ihnen Vorschläge, wie es uns gelingen kann, im kommenden Halbjahr ein Drittel davon zurückzugewinnen." – Das ist eine präzise Aufgabenstellung, und doch bleibt es dem Angesprochenen überlassen, wie er das Problem löst. Sollte sich herausstellen, dass die Aufgabe unrealistisch war, so kann der Vertriebsleiter dies thematisieren. Die Aussprache darüber ist für die Beteiligten (und das Unternehmen) weit hilfreicher, als wenn die Erwartungen im Dunkeln bleiben.

# Womit beschäftigen sich Ihre besten Mitarbeiter?

Ein verbreiteter Managementfehler: Die besten Mitarbeiter übernehmen die meisten Aufgaben, wichtige und weniger wichtige. Diese Aufgaben werden ihnen übertragen, weil man ja sicher sein kann, dass dann die Sache ordentlich erledigt wird.

Das Problem ist nur: Je mehr Aufgaben ein Mitarbeiter übernimmt, umso stärker muss er seine Energie aufteilen. Das hat ungünstige Folgen:

- Die Leistungen Ihrer besten Mitarbeiter verschlechtern sich. Vor allem die wirklich wichtigen Aufgaben können nicht mehr optimal erfüllt werden.

- Es sind ausgerechnet Ihre besten Mitarbeiter, die Sie belasten oder sogar überlasten. Geschieht dies über einen längeren Zeitraum hinweg, ist Verschleiß die unvermeidliche Folge.

- Weniger qualifizierte Mitarbeiter werden kaum gefordert, haben keine Möglichkeit, sich zu qualifizieren, fühlen sich demotiviert und fallen gegenüber den Leistungsträgern weiter zurück.

## Entlasten Sie die Besten, fordern Sie die anderen

Erfahrene Führungskräfte wissen, dass sie gerade ihren besten Mitarbeitern den Rücken freihalten müssen. Sie profitieren am stärksten, wenn sich die besten Mitarbeiter konzentriert um die wichtigsten Aufgaben kümmern können. Unter Umständen müssen Sie sogar aktiv verhindern, dass sich ein „High Performer" für alle möglichen Zwecke einspannen lässt. Geben Sie lieber einmal Mitarbeitern aus der zweiten Reihe die Chance sich auszuzeichnen und sich weiterzuqualifizieren.

# Richtig delegieren

Als Führungskraft können Sie kaum darauf verzichten, Aufgaben zu delegieren, also auf Ihre Mitarbeiter zu übertragen. Dabei übernehmen Ihre Mitarbeiter einen Teil der Verantwortung und bekommen eine gewisse Handlungsvollmacht. Delegieren ist ein wichtiger Teilbereich des Kompetenzmanagements, der im Wesentlichen zwei Vorteile bietet:

- Delegieren entlastet die Führungskraft. Was Sie delegieren, müssen Sie nicht selbst erledigen.
- Delegieren stärkt die Eigenverantwortung der Mitarbeiter und hat eine motivierende Wirkung.

### Demotivation by Delegation

Allerdings verkehren sich beide Argumente in ihr Gegenteil, wenn nicht richtig delegiert wird. Typische Fehler sind zum Beispiel:

- Der Mitarbeiter wird nicht richtig oder nicht vollständig informiert.
- Der Mitarbeiter bekommt nicht die erforderlichen Ressourcen oder Vollmachten.

- Der Mitarbeiter verfügt nicht über die nötige Kompetenz, die Aufgabe in eigener Verantwortung zu übernehmen.

- Der Vorgesetzte übt zu große Kontrolle aus.

- Die Aufgabe ist unangenehm oder sinnlos.

Unangenehme Aufgaben lassen sich nicht immer vermeiden, das wissen auch Ihre Mitarbeiter. Doch sollten Sie ihnen dann wenigstens nicht vormachen, die Sache sei ungemein reizvoll. Auch wirkt es sich demotivierend aus, wenn Sie die Unannehmlichkeiten prinzipiell auf Ihre Mitarbeiter abwälzen, während Sie selbst ausschließlich die interessanten Aufgaben übernehmen.

Nicht weniger nachteilig ist es, einen Mitarbeiter mit einer Aufgabe zu beauftragen, die Sie noch gar nicht durchdacht haben, denn es gibt wenige Dinge, die einen Mitarbeiter so stark demotivieren wie eine Aufgabe, die sich als sinnlos erweist.

**Beispiel:**

 Der Geschäftsführer bekommt das Angebot einer Agentur unterbreitet, für die Firma eine Kundenzeitschrift zu erstellen. Er gibt das Angebot an den Leiter der Öffentlichkeitsarbeit zur Prüfung weiter. Der tut das gewissenhaft, da er davon ausgeht, dass eine Kundenzeitschrift etabliert werden soll. Er erarbeitet an zwei Nachmittagen eine detaillierte Stellungnahme zum Angebot – mit Verbesserungsvorschlägen. Daraufhin erklärt der Geschäftsführer, eine solche Zeitschrift käme für das Unternehmen ohnehin nicht in Frage.

Der Schreibtisch Ihrer Mitarbeiter ist nicht der Ersatz für Ihren Papierkorb. Bevor Sie delegieren, sollten Sie sich Klarheit darüber verschaffen, ob die Aufgabe auch tatsächlich erledigt werden muss.

## Was sollten Sie delegieren?

Ideal zum Delegieren eignen sich abgrenzbare Aufgaben, für die der betreffende Mitarbeiter kompetent ist – oder rasch kompetent gemacht werden kann. Sie sollten nur Aufgaben delegieren, für die Sie den Mitarbeiter mit allen erforderlichen Ressourcen (einschließlich der Zeit!) ausstatten können. Außerdem braucht er – für die Dauer der Aufgabe – entsprechende Handlungskompetenzen. Schließlich sollte jede Aufgabe begrenzt sein und mit einem erkennbaren Ergebnis abschließen.

## An wen sollten Sie delegieren?

Überlegen Sie vorher, welche Fähigkeiten Ihr Mitarbeiter braucht, um die Aufgabe zu bewältigen. Dazu zählen bestimmte Fertigkeiten und Fachkenntnisse, auch Erfahrung und persönliche Kontakte können eine Rolle spielen. Vor allem aber sollte Ihr Mitarbeiter in der Lage sein, selbstständig zu arbeiten.

> Achten Sie darauf, dass Ihr Mitarbeiter genügend zeitliche Kapazität zur Verfügung hat und nicht von anderen Aufgaben in Anspruch genommen wird. Bauen Sie unerfahrene Mitarbeiter auf, indem Sie zunächst kleine Aufgaben an sie delegieren.

# Das Briefing

Am Anfang steht das Informationsgespräch, das „Briefing",
das seinen Namen vom englischen „brief" hat: kurz und
knapp. Doch sollten Sie es mit der Kürze nicht übertreiben,
wie es leider allzu häufig geschieht. Ihr Mitarbeiter braucht
*alle nötigen* Informationen. Sie müssen ihn auf den aktuellen
Kenntnisstand bringen, auch wenn Ihnen das vielleicht mühsam erscheint.

Darüber hinaus muss der Mitarbeiter präzise wissen, was Sie
erwarten und bis wann. Auch wenn Sie etwas unbedingt
vermeiden wollen, muss das Ihr Mitarbeiter erfahren, denn
Gedanken lesen kann er nicht.

Ein dritter Punkt ist gerade am Anfang wichtig: Es sollte eine
Art „Notausstieg" geben, der Mitarbeiter sollte wissen, wohin
er sich wenden kann, wenn Schwierigkeiten auftauchen und
er Hilfe braucht.

## Unerfahrene Mitarbeiter sorgfältig briefen

Bei unerfahrenen Mitarbeitern müssen Sie besonders darauf
achten, dass Ihr Auftrag auch wirklich verstanden wurde.
Gerade wenn Sie es sonst meist mit langjährigen Mitarbeitern
zu tun haben, sollten Sie nicht annehmen, jeder wüsste schon,
was Sie meinen. Erklären Sie lieber zu viel als zu wenig.

## Lohnt sich der Aufwand?

Anfangs ist es etwas aufwendig, die Mitarbeiter zu briefen,
vor allem richtig zu briefen. „Bevor ich dem das alles erklärt
habe, mache ich es lieber selbst", finden manche Führungs-

kräfte. Doch das ist zu kurzfristig gedacht. Wenn Sie erst einmal Erfahrung im Delegieren haben, fällt Ihnen das Briefing leichter.

## Kontrolle muss sein

Delegieren bedeutet nicht, dass Sie nach dem Prinzip verfahren „aus den Augen, aus dem Sinn". Von Anfang an muss klar sein, dass Sie zumindest das Endergebnis überprüfen werden. Bei unerfahrenen oder neuen Mitarbeitern lohnt es auch, schon mal einen Blick zwischendurch zu riskieren, ob alles gut läuft.

Überhaupt ist es ratsam zu vereinbaren, dass Sie Ihr Mitarbeiter informiert, sobald es ernsthafte Schwierigkeiten gibt und/oder die Aufgabe nicht so zu Ende geführt werden kann, wie ursprünglich vorgesehen. Auf der anderen Seite muss klar sein, dass Sie nicht mit jeder Lappalie behelligt werden wollen. Gerade unerfahrene Mitarbeiter neigen dazu sich übertrieben oft rückzuversichern, um ja keinen Fehler zu machen. Sprechen Sie es gleich zu Beginn an, ab wann Sie informiert werden möchten.

### Checkliste: Richtig delegieren

1   Welche Aufgabe möchten Sie delegieren?

2   Was soll damit erreicht werden?

3   Welche Fähigkeiten/Fachkenntnisse sind erforderlich?

4 Welche Ressourcen und Vollmachten werden gebraucht?

5 Bis wann soll die Aufgabe abgeschlossen sein?

6 Was geschieht, wenn die Aufgabe nicht erfolgreich abgeschlossen wird?

7 Was geschieht, wenn zeitliche/finanzielle Limits überschritten werden?

8 Wenn Probleme auftreten, wer soll informiert werden?

9 Ist derjenige erreichbar?

10 Welche Hilfe, Unterstützung ist möglich?

11 Ab wann möchten Sie informiert werden?

12 Ist zwischenzeitliche Kontrolle erforderlich?

13 Welches Ergebnis erwarten Sie am Ende?

14 Welche Konsequenzen ergeben sich für den Mitarbeiter (im Erfolgsfall/wenn das Ziel verfehlt wurde)?

# Führen mit Zielvereinbarungen

Nach den bisher vorgestellten Managementtechniken ist es eine Ihrer zentralen Aufgaben als Führungskraft, Ihren Mitarbeitern Ziele zu setzen, und zwar die richtigen. Das Führen mit Zielvereinbarungen, das „Management by objectives", kehrt dieses Prinzip um – wenigstens in der Theorie. Danach werden Ziele nicht mehr „von oben" vorgeschrieben, sondern zwischen Mitarbeiter und Führungskraft ausgehandelt und gemeinsam festgelegt.

> „Management by objectives" funktioniert nur, wenn den Mitarbeitern eine ausgeprägte Eigenverantwortung zugestanden wird. Ansonsten handelt es sich um eine Mogelpackung, die von den Mitarbeitern schnell durchschaut wird.

Die Vorteile dieses Konzepts liegen auf der Hand:

- Gemeinsam vereinbarte Ziele sind verbindlicher: Wer an der Festlegung seiner Ziele beteiligt ist, fühlt sich stärker an sie gebunden. Er trägt eine höhere Verantwortung, sie zu erreichen, als wenn sie ihm vorgegeben werden.

- Eng damit verknüpft ist der zweite Vorteil: Gemeinsam vereinbarte Ziele sind motivierender. Es ist für den Mitarbeiter lohnender, Ziele zu verfolgen, die er sich selbst gesetzt oder die er zumindest ausgehandelt hat.

- Gemeinsam vereinbarte Ziele sind spezifischer. Der Mitarbeiter kann durch Zielvereinbarungen seine Stärken zur Geltung bringen. Er kann darauf hinwirken, dass ihm Ziele gesetzt werden, die seiner Person und seinen Fähigkeiten gerecht werden.

# Zielvereinbarung als Leistungsversprechen

In der Praxis werden die Zielvereinbarungen oft als eine Art Leistungsversprechen gehandhabt. Der Mitarbeiter erklärt sich bereit, diese oder jene Zusatzleistung zu erbringen oder seine Ergebnisse vom Vorjahr um einen bestimmten Prozentsatz zu übertreffen. Das hat mit dem ursprünglichen Grundgedanken nicht mehr viel zu tun.

- Es handelt sich kaum noch um eine „Vereinbarung" von Zielen. Vielmehr gibt die Führungskraft bestimmte Leistungsmargen vor, die es zu erreichen gilt. Solche Zielvereinbarungen erhöhen nicht die Eigenverantwortung, sondern lediglich den Leistungsdruck.

- Ein gutes Ergebnis hat für den Mitarbeiter vor allem eine Folge: Im nächsten Jahr muss er sich noch stärker reinhängen, um die Zielmarge zu übertreffen. Auch wenn das mit entsprechenden Zulagen honoriert wird, ändert es nichts an dieser fatalen Eigendynamik.

# Welche Ziele sollten Sie vereinbaren?

Es gibt zwei Arten von Zielen, über die Sie mit Ihren Mitarbeitern eine Vereinbarung abschließen können:

- Sonderaufgaben, besondere Projekte, eigene Arbeitsschwerpunkte jenseits des Tagesgeschäfts,

- Zielvorgaben für bestimmte Leistungen, zum Beispiel Zahl der akquirierten Neukunden, der bearbeiteten Reklamationen, Ziele, die den Schwerpunkt der Arbeit für die nächste

Zeit markieren. (Dies geschieht meist in Form von Jahreszielen.)

Welche Art von Ziel sinnvoller ist, ergibt sich aus der Art der Tätigkeit Ihres Mitarbeiters. Hilft es Ihrer Organisation, wenn sich Ihr Mitarbeiter eigenverantwortlich bestimmte Aufgaben vornimmt, die nicht in seinem Arbeitsvertrag stehen? Oder wirkt sich das eher negativ aus, weil solche Tätigkeiten gar nicht erforderlich sind und ihn nur von seiner „eigentlichen" Arbeit abhalten?

Es geht nicht darum, mit Ihrem Mitarbeiter irgendwelche beliebigen Ziele abzusprechen, mit denen er sich selbst verwirklichen kann. Vielmehr müssen die Ziele Ihrer Mitarbeiter zu den Zielen der Organisation passen.

**Beispiel:**

 Es hilft wenig, wenn sich ein Marketing-Mitarbeiter einer Handy-Firma zum Ziel setzt, Senioren als Zielgruppe anzusprechen, wenn das wichtigste Unternehmensziel lautet, bei Jugendlichen unter 25 Jahren Marktführer zu werden.

## Die Zielhierarchie

Idealerweise gibt es eine stimmige Hierarchie von Zielen: an der Spitze die Ziele der Organisation, darunter die Abteilungsziele, Ihre Ziele als Führungskraft und schließlich die Ziele des Mitarbeiters. Die unteren Ziele sind die perfekte Konkretisierung der oberen. In der Praxis kommt eine solche Harmonie kaum vor. Und doch muss es darum gehen, die Ziele Ihrer Mitarbeiter auf die übergeordneten Ziele abzustimmen. Dafür können Sie in aller Regel Verständnis erwarten.

Diese Abstimmung kann nur gelingen, wenn der Mitarbeiter die übergeordneten Ziele kennt. Fordern Sie ihn auf zu überlegen, wie er am wirksamsten dazu beitragen kann, dass diese Ziele erreicht werden.

Darüber hinaus sollten Sie auch die Ziele der anderen Mitarbeiter im Auge behalten. Nehmen sich zwei das gleiche vor, könnten sie sich in die Quere kommen. Gibt es Ziele, die einander widersprechen, sind Konflikte vorprogrammiert.

### Die Ziele müssen konkret sein

Ungenaue Angaben oder bloße Absichtserklärungen helfen gar nichts: „Die Pressearbeit muss verstärkt werden." – Inwiefern? Wie äußert sich das? Was soll geschehen? Denken Sie an Ihre eigenen Ziele: Sie müssen messbar sein.

### Die Ziele müssen fordernd sein

Die Grundfrage an Ihren Mitarbeiter lautet: Was will er erreichen? Ein Ziel, das Ihr Mitarbeiter ohnehin erreicht, brauchen Sie auch nicht zu vereinbaren. Ebenso wenig haben Aufgaben aus dem normalen Tagesgeschäft etwas in den Zielvereinbarungen zu suchen.

### Die Ziele müssen erreichbar sein

Erreichbarkeit ist im doppelten Sinne erforderlich: Einmal muss klar sein, wann das Ziel als erreicht gilt (und wann als verfehlt); zum zweiten darf das Ziel die Fähigkeiten des Mitarbeiters auf keinen Fall überfordern. Bleibt er allzu weit hinter dem Ziel zurück, wirkt das demotivierend – und er traut sich künftig weniger zu.

### Die Ziele müssen persönlich sein

Stellen Sie die besonderen Stärken, Interessen und Vorlieben des Mitarbeiters in den Vordergrund. Es sind seine Ziele, die hier vereinbart werden. Soll er sich für sie wirklich verantwortlich fühlen, müssen Sie sein persönliches Profil berücksichtigen.

### Beschränken Sie sich auf das Wesentliche

Wenige, aber wichtige Ziele zu vereinbaren, ist weit wirkungsvoller als viele, die nur dazu führen, dass Ihre Mitarbeiter sich verzetteln. Damit Ziele verbindlich sind, sollten Sie sie schriftlich fixieren. Sorgen Sie dafür, dass auch Ihr Mitarbeiter seine Zielvereinbarung schriftlich bekommt.

# Wenn sich Mitarbeiter falsch einschätzen

Manche Mitarbeiter schrecken davor zurück, ein anspruchsvolles Ziel zu vereinbaren, nicht weil sie es nicht erreichen könnten, sondern weil sie ihre Fähigkeiten unterschätzen. Dann sollten Sie als Führungskraft deutlich machen, dass Sie ihnen diese Leistung sehr wohl zutrauen. Aber drängen Sie Ihren Mitarbeitern die hoch gesteckten Ziele nicht auf.

> Fixieren Sie die Ziele so, dass der Mitarbeiter wirklich einverstanden ist. Liegen sie Ihnen zu niedrig, können Sie den Mitarbeiter mehr oder minder dezent anspornen: „Ich bin sicher, Sie können mehr erreichen. Lassen Sie uns in einem Jahr überprüfen, ob ich Recht behalten habe."

Auf der anderen Seite überschätzen manche auch ihre Leistungsfähigkeit. Manche Führungskräfte bestärken sie noch darin, in der Überzeugung, wer sich zu viel vornimmt, werde immerhin noch sehr viel leisten. Doch das ist ein Irrtum. Wer seine Kräfte *überfordert*, leistet nicht mehr, sondern weniger. Achten Sie vor allem darauf, dass sich Ihre Mitarbeiter nicht zu viele Ziele gleichzeitig vornehmen.

# Ergebnis überprüfen

Ziele sollten immer für einen bestimmten Zeitraum vereinbart werden. Dann muss überprüft werden, ob sie erreicht worden sind. Findet keine zeitnahe Überprüfung statt, verliert das ganze Verfahren seinen Sinn. Weshalb sollte sich der Mitarbeiter überhaupt für seine Ziele engagieren, wenn sich sein Vorgesetzter nicht um die Ergebnisse kümmert?

### Nicht abhaken, sondern analysieren

Besprechen Sie die Ergebnisse gemeinsam. Analysieren Sie, wie es dazu gekommen ist. Das gilt auch, wenn das betreffende Ziel erreicht oder sogar deutlich übertroffen wurde. Haken Sie das nicht vorschnell als „erledigt" ab, gehen Sie den Ursachen nach. Vielleicht waren die Umstände günstiger als erwartet, vielleicht hat Ihr Mitarbeiter einen unerwarteten Glückstreffer gelandet, vielleicht aber verfügt er über unerkannte Stärken, die er künftig ausbauen kann.

## Ziel nicht erreicht – und nun?

Wenn Ziele verfehlt werden, so kann das die unterschiedlichsten Ursachen haben – und genau darum geht es. Die Ursachen für das Scheitern gilt es nüchtern zu analysieren: Haben sich die Umstände geändert? War das Ziel zu hoch gesteckt? Hat der Mitarbeiter seine Prioritäten anders gesetzt? Hat er zu wenig Unterstützung bekommen? Mangelt es ihm an Kompetenz oder an Engagement? Sind unerwartet Probleme aufgetaucht? War die Zeit zu knapp?

Bei der Analyse steht die Frage im Vordergrund, was daraus für die Zukunft zu folgern ist. Vermeiden Sie eine vergangenheitsorientierte Aufarbeitung, unterbinden Sie wenig hilfreiche Schuldzuweisungen. Überlegen Sie gemeinsam, was zu tun ist. Zum Beispiel:

- Braucht der Mitarbeiter zusätzliche Qualifikationen? Wie kann er sie erwerben? Braucht er eine Fortbildung?

- Kann die Zusammenarbeit mit anderen verbessert werden? Welche Maßnahmen sind erforderlich?

- Braucht der Mitarbeiter zusätzliche Ressourcen? Wie sind sie zu beschaffen?

- Müssen die neuen Ziele entsprechend nach unten korrigiert werden?

- Kann das Ziel zu einem späteren Zeitpunkt erreicht werden? Wie?

- Ist es sinnvoll, den Mitarbeiter von anderen Pflichten freizustellen, damit er das Ziel erreicht?

### Ziel erfüllt? – Prämie winkt

Häufig werden die Zielvereinbarungen mit einem Prämiensystem verbunden. Das hat den Vorteil, dass sich der höhere Aufwand für den Mitarbeiter unmittelbar rechtfertigen lässt. Zugleich verschiebt sich aber das Konzept. Es geht nunmehr um die Honorierung von außergewöhnlichen Leistungen oder Zusatzleistungen. Außerdem muss darauf hingewiesen werden, dass ein solches Prämiensystem in der Praxis häufig sehr kompliziert ist, wenn es gerecht sein soll.

# Mythos Motivation?

Nach einem Boom in den 1980er- und 1990er-Jahren ist das Motivieren („Management by motivation") ein wenig in Verruf geraten. Nicht zu Unrecht, verbirgt sich doch hinter dem Gerede von der Motivation nicht selten der Wunsch nach Manipulation. Oder die Motivation kommt als eine Art Showveranstaltung daher, um die Mitarbeiter zu „begeistern".

Dennoch ist wohlverstandenes Motivieren durchaus eine lohnende Managementaufgabe. Es wäre leichtfertig, sich gänzlich davon zu verabschieden.

## Das richtige Motiv zum Handeln

Was bedeutet Motivation? – Wenn Menschen eine bestimmte Leistung erbringen, so tun sie dies in der Regel nicht grundlos. Für ihr Handeln gibt es ein Motiv, zum Beispiel wollen sie sich Anerkennung erwerben oder belohnt werden. Sie sind also motiviert, eine bestimmte Leistung zu erbringen.

## Kann man jemanden motivieren?

Wenn man davon spricht, jemanden zu motivieren, so ist damit gemeint, dass man ihm ein Motiv gibt oder ein vorhandenes Motiv verstärkt. Ein Motiv kann man niemandem aufzwingen oder unterschieben (das wäre Manipulation). Nur wenn der andere Ihr Angebot tatsächlich zu *seinem* Motiv macht, hat Ihre Motivation Erfolg.

> Die Motive werden von denen bestimmt, die motiviert werden sollen, nicht von dem, der motiviert.

## Motivation von außen oder aus der Sache selbst

Die Motivationspsychologie unterscheidet zwei Arten von Motivation:

- die *extrinsische Motivation*, bei der ein Anreiz von außen kommt, eine Belohnung, die dazu führen soll, dass eine bestimmte Leistung erbracht wird,
- die *intrinsische Motivation*, bei der das Motiv in der Leistungserbringung selbst liegt.

Wenn Sie extrinsisch motivieren, belohnen Sie Leistung zum Beispiel durch Geldprämien, oder Sie drohen bei Nichterfüllung eine Strafe an (etwa Versetzung, Lohnkürzung).

Wenn Sie intrinsisch motivieren, dann gestalten Sie die Aufgabe selbst so interessant, dass der Mitarbeiter von sich aus bestrebt ist, sie zu lösen.

## Belohnungen können schaden

In zahlreichen Studien hat sich gezeigt, dass nur die intrinsische Motivation geeignet ist, dauerhaft zu wirken und dass Motivation von außen die Motivation, die in der Aufgabe selbst liegt, keineswegs verstärkt, sondern vielmehr sogar zerstören kann.

Hohe Belohnungen wirken kontraproduktiv, denn sie lenken die Aufmerksamkeit weg von der Leistung hin zur Belohnung. Dieses Phänomen nennt man das Problem der „Überrechtfertigung". Wenn ein Mitarbeiter für eine Aktivität, die er freiwillig ausgeführt hätte, eine Belohnung erhält, verschiebt sich seine Bewertung. Er erfüllt die Aufgabe um der Belohnung willen und ist oftmals nicht mehr bereit, die Leistung zu erbringen, wenn die Belohnung wegfällt.

## Warum Prämiensysteme schwer zu reformieren sind

Sind Prämien erst einmal eingeführt, ist es riskant, sie zurückzufahren. Denn jede Minderung wird als Bestrafung empfunden und führt unmittelbar zur Demotivation. Nachbesserungen können auf diese Weise ein unzulängliches Prämiensystem vollends ruinieren.

**Beispiel:**

In einer Spielwarenfabrik erhöhte sich die Arbeitsleistung schlagartig. Der Grund: Die Arbeiterinnen hatten vorgeschlagen, die Geschwindigkeit des Fließbands selbst bestimmen zu können. Dadurch waren sie wesentlich zufriedener mit ihrer Arbeit (intrinsisch motiviert). Ihre Leistung lag um bis zu 50 % über dem ursprünglich angepeilten Wert.

Dank einer Prämienregelung (extrinsische Motivation) verdienten sie schließlich mehr als Facharbeiter aus anderen Abteilungen. Das sorgte für heftige Konflikte. Die Betriebsführung sah sich gezwungen, einen Teil der Prämie zu streichen. Daraufhin sackte die Produktivität schlagartig ab. Als dann wegen der wachsenden Spannungen die alten Verhältnisse wieder hergestellt werden mussten, kündigten fast alle Arbeiterinnen.

## Nur „angemessene" Belohnungen motivieren

Nun können Prämien durchaus auch die Motivation verstärken. Nämlich dann, wenn sie als angemessen empfunden werden. Es wäre also nicht sehr hilfreich, auf Belohnungen und „Leistungsanreize" ganz zu verzichten, zumal wenn sich der Eindruck einstellen könnte, dass der Mitarbeiter unterbezahlt wird und sich seine höhere Leistung „nicht lohnt".

# Wie Sie wirklich motivieren

Im Vordergrund müssen die Motive Ihrer Mitarbeiter stehen. Und die sind sehr individuell. Ganz allgemein aber sollten Sie als Führungskraft dafür sorgen, dass die Mitarbeiter ihre Leistungen als sinnvoll erleben können, zum Beispiel durch die folgenden Maßnahmen:

- Übertragen Sie Ihren Mitarbeitern interessante Aufgaben, bei denen sie ihre Kompetenz ausspielen können.

- Erkennen Sie echte Leistung an und üben Sie sachliche Kritik. Durch übertriebenes Lob entwerten Sie Ihr Urteil.

- Geben Sie Ihren Mitarbeitern Gelegenheit, sich fortzubilden und neue Kompetenzen zu erwerben.

- Überlassen Sie es Ihren Mitarbeitern, auf welche Art sie ihre Aufgabe lösen. Für Sie zählt einzig das Ergebnis.

- Geben Sie Ihren Mitarbeitern das Gefühl wirksam zu sein. Informieren Sie sie über die Folgen ihrer Arbeit.

## Motivator Nummer 1: Demotivation vermeiden

Vielleicht die zuverlässigste Methode, Mitarbeiter zu motivieren, besteht schlicht darin, sie nicht zu demotivieren. Minimieren Sie negative Einflüsse wie rigide Kontrolle, eintönige, sinnlose Tätigkeit, starken Konkurrenzdruck und geringe Wirksamkeit. Wenn Mitarbeiter erleben, dass ihre Leistung irgendwo im Unternehmen versandet, fühlen sie sich kaum zu einem besonderen Engagement angestachelt.

Nicht jeder Mitarbeiter will motiviert werden. Manche wollen einfach ihren Job tun und im Übrigen in Ruhe gelassen werden. Auch das gilt es zu respektieren.

## Checkliste: Motivierende Arbeitsgestaltung

|  | ✓ |
|---|---|

- Ist die Tätigkeit des Mitarbeiters abwechslungsreich?
- Werden unterschiedliche Kompetenzen verlangt?
- Lässt sich die Aufgabe als sinnvolles Ganzes begreifen?
- Hat die Tätigkeit des Mitarbeiters einen Sinn, einen Nutzen für andere? Kennt er ihn genau?
- Verfügt der Mitarbeiter über Entscheidungskompetenzen?
- Ist die Tätigkeit weitgehend selbstbestimmt?
- Bekommt der Mitarbeiter Informationen über die Ergebnisse seiner Arbeit?
- Kann der Mitarbeiter Dinge ausprobieren? Wird er zum Experimentieren ermutigt?

Je mehr Fragen aus dieser Checkliste mit „Ja" beantwortet werden können, desto motivierender ist das Tätigkeitsfeld eines Mitarbeiters. Umgekehrt können Sie die Fragen der Checkliste nutzen, wenn Sie nach Möglichkeiten suchen, für Ihre Mitarbeiter motivierendere Rahmenbedingungen zu schaffen (weitere Informationen zum Thema Motivation finden Sie im TaschenGuide „Motivation").

# Informationsmanagement

Erfolgreiche Führungskräfte müssen mehr denn je in der Lage sein, Informationen zu managen: zu sammeln, zu verteilen und zu verstehen. Dabei spielt neben dem Informationsmanagement auch das Wissensmanagement eine bedeutende Rolle.

In diesem Kapitel erfahren Sie

- was man unter Information im einzelnen versteht und welche Aufgabe sie erfüllt,
- welche Informationen Sie benötigen,
- wie Sie die Verteilung von Information organisieren,
- wie Informationen für jedermann verständlich werden,
- was Wissensmanagement leistet.

# Schlüsselressource Information

Nach traditionellem Verständnis verfügt jedes Unternehmen über vier Ressourcen: Menschen, Maschinen, Material und Geld. Diese klassischen Ressourcen sind nach wie vor wichtig. Und doch haben sie in den vergangenen Jahren erheblich an Bedeutung eingebüßt gegenüber der fünften Ressource, der Information. Für sie gelten einige Besonderheiten:

- Information wird nicht „verbraucht". Auch wenn sie weitergegeben wird, steht sie noch immer zur Verfügung.

- Information kann unbegrenzt vervielfältigt und zu geringen Kosten übertragen werden.

- Die Menge der Information erhöht nicht etwa ihren Wert, sondern kann ihn sogar schmälern.

- Der Wert einer Information kann sich innerhalb kürzester Zeit dramatisch verändern.

## Steuern und regeln

Sehr allgemein gesprochen lassen sich mit Informationen Prozesse steuern und regeln. Das funktioniert ähnlich dem Regelkreis eines Thermostats: Sobald die Information eingeht, dass die Temperatur unter einen bestimmten Wert gefallen ist, wird die Wärmezufuhr verstärkt. Sie wird wieder gedrosselt, sobald die Information eingeht, dass es ausreichend warm ist.

In einer Organisation sind die Zusammenhänge natürlich wesentlich komplizierter und doch ist das Grundprinzip gleich: Informationen bewirken etwas, sie setzen etwas in

Gang. Und der „Regelkreis" sollte sich schließen, die Information muss zurückfließen. Es muss erkennbar sein, welche Auswirkungen der Eingriff hat.

### Der Rohstoff für Entscheidungen

Wer entscheidet, braucht Informationen, denn sie bilden den Rohstoff für Entscheidungen. Wo verlässliche Informationen fehlen, wird Entscheiden zur Glückssache. Für Sie ergeben sich daraus drei Konsequenzen:

- Wenn Sie die Qualität der Informationen verbessern, schaffen Sie die Grundlage für bessere Entscheidungen.
- Informationen müssen dorthin gelangen, wo entschieden wird.
- Eine Information, die für eine konkrete Entscheidung nicht relevant ist, wird nicht benötigt.

# Daten sind (noch) keine Information

In vielen Organisationen werden nicht Informationen, sondern Daten gemanagt. Eine folgenschwere Verwechslung, denn die reinen Daten sagen noch gar nichts aus, sie müssen interpretiert werden. Erst dadurch wird aus einer Datenmenge eine Information.

So werden reine Zahlenangaben über akquirierte Kunden, Fehltage, Cashflow pro Mitarbeiter erst zu einer Information, wenn sie eine konkrete Bedeutung annehmen. Zum Beispiel wenn eine bestimmte Anzahl von Fehltagen als „Besorgnis erregend" erscheint.

# Das Informationsdilemma

Unser Wissen veraltet rasch, die Innovationszyklen werden immer kürzer, der Informationsbedarf für Führungskräfte hat gewaltig zugenommen. Sie müssen immer mehr Informationen aufnehmen, um wesentliche Dinge nicht zu übersehen. Doch gibt es eine kritische Grenze, bei der sich Ihre Entscheidungen *verschlechtern,* wenn Sie *noch mehr* Informationen aufnehmen. Dafür gibt es zwei Gründe:

- Für jede Entscheidung steht Ihnen nur eine begrenzte Zeitspanne zur Verfügung. Je mehr Informationen Sie berücksichtigen wollen, desto weniger Zeit haben Sie dazu, sie aufzunehmen und zu verstehen.

- Das „Gesamtbild" ist immer schwerer zu durchschauen. Es lässt sich keine klare Tendenz erkennen. Tatsächlich kann ein Zuviel an Informationen entscheidungsunfähig machen.

# Informationen managen

Das angesprochene Dilemma lässt sich durch effektives Informationsmanagement zwar nicht abschaffen, aber doch beträchtlich mildern. Dabei geht es insbesondere um die folgenden Aufgaben:

- Die Sammlung von Information: Welche Informationen sollen überhaupt erfasst werden? Und wie?

- Die Verteilung von Information: Wie gelangen Informationen zu denen, die sie brauchen?

- Das Verständnis von Information: Wie müssen Informationen aufbereitet werden, damit sie von den Adressaten verstanden werden?

## Die Rolle der EDV

Ohne den Einsatz von EDV ist für einen Betrieb ab einer gewissen Größe effektives Informationsmanagement kaum denkbar. Und doch geht es um weit mehr als um das „Managen von Datenverarbeitungssystemen", sodass die EDV allein nicht weiterhilft

Überlegen Sie einmal, auf wie vielen Kanälen Sie relevante Informationen aufnehmen oder weitergeben: in persönlichen Gesprächen mit Mitarbeitern und Kollegen, auf Sitzungen, bei Konferenzen, durch Besuche, durch Lektüre von Zeitschriften und Büchern oder durch informelle Kontakte. All das ist für ein Informationsmanagement ebenfalls relevant.

# Informationen sammeln

Die erste Frage, die Sie klären müssen: Welche Informationen brauchen Sie überhaupt? Mit welchem Fundus von Informationen *arbeiten* Sie? In vielen Organisationen wird eine Unmenge von Daten und Informationen erfasst, die niemand braucht, weil definitiv niemand diese Informationen zur Grundlage seiner Entscheidungen macht.

# Ermitteln Sie Ihren Informationsbedarf

Ziel der Überprüfung ist es, die Anzahl der Informationen zu begrenzen und herauszufinden, welche Informationen Sie wirklich benötigen. Das ist keine leichte Aufgabe, doch sie lohnt sich. Denn unter Umständen zeigt sich, dass Sie andere Informationen brauchen, als Sie bekommen.

### Sie sollten wissen, was Sie nicht wissen müssen

Nutzlose Informationen verursachen gleich mehrfach vermeidbare Kosten: Bei ihrer Erfassung, ihrer Verteilung, ihrer Aufbereitung und auch dadurch, dass Sie Zeit verlieren, wenn Sie solche Informationen zur Kenntnis nehmen.

# Laufende und bedarfsabhängige Information

Es gibt Informationen, die Sie laufend benötigen. Dazu zählen vor allem interne Informationen, die direkt mit Ihrem Geschäftsbereich zu tun haben. Sie müssen wissen, was in Ihrem Bereich geschieht und welche Auswirkungen Ihre Entscheidungen haben.

Manche Informationen dagegen benötigen Sie nur selten. Dennoch können gerade dies äußerst wichtige Informationen sein, die Sie für Ihre Entscheidungen unbedingt brauchen, zum Beispiel Rechtsinformationen oder Informationen über einen bestimmten lokalen Markt, den Sie bearbeiten wollen. Hier müssen Sie entscheiden, ob es erforderlich ist, solche

Informationen intern bereitzuhalten, oder ob sie im Bedarfs-
fall von außen eingekauft werden können.

## Welche Informationen sollten Sie zur Verfügung haben?

- Alle Daten über das eigene Unternehmen (die eigene Organisation). Achten Sie auf lückenlose Dokumentation und schnelle Auffindbarkeit.

- Informationen, bei denen Know-how im Unternehmen genutzt werden kann.

- Informationen, auf die häufig zurückgegriffen wird.

- Sensible Informationen wie Rechtsauskünfte, eigene Konkurrenzbeobachtung oder Marktstudien.

# Immer an das Ganze denken

Informationsmanagement lässt sich nicht losgelöst von der gesamten Organisation denken. So ist zum einen darauf zu achten, dass gleichartige Information durchgängig auf gleiche Weise erfasst wird. Sonst gefährden Sie die Vergleichbarkeit und damit auch die Aussagekraft Ihrer Informationen. Zum anderen empfiehlt es sich, alle fünf Dimensionen zu berücksichtigen, in denen sich ein Unternehmen bewegt.

- 1. Dimension: Die Organisation. Interne Informationen über die Ertragslage, die Mitarbeiter, die Produktivität, die Produktqualität; Archiv, Dokumentation über Regeln und Verfahren.

- 2. Dimension: Lieferanten, externe Mitarbeiter, Zuverlässigkeit, Preise, Qualität, Verfügbarkeit.

- 3. Dimension: Kunden. Wer sind Ihre Kunden? Was sind ihre Anforderungen? Kaufmotive? Zufriedenheit?

- 4. Dimension: Markt. Informationen über Ihre Wettbewerber und deren Kunden. Kommt ein neues Produkt auf den Markt? Worauf legen Kunden Wert, die nicht bei Ihnen kaufen?

- 5. Dimension: Das wirtschaftliche, gesellschaftliche Umfeld. Gesetzliche Änderungen? Trends? Wandeln sich Einstellungen, Wertorientierungen? Gibt es demografische Veränderungen?

Die ersten drei Dimensionen spielen für das Tagesgeschäft die entscheidende Rolle, während die letzten beiden Dimensionen für die strategische Planung von Bedeutung sind.

## Checkliste: Informationsbedarf

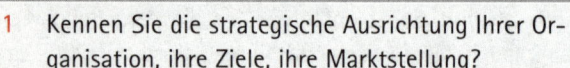

| | ✓ |
|---|---|
| 1 | Kennen Sie die strategische Ausrichtung Ihrer Organisation, ihre Ziele, ihre Marktstellung? |
| 2 | Verfügen Sie über aktuelle Informationen über die Geschäftsentwicklung, Umsatz, Gewinn, Cashflow oder Return on Investment, bezogen auf Ihr Unternehmen und Ihre Abteilung? |

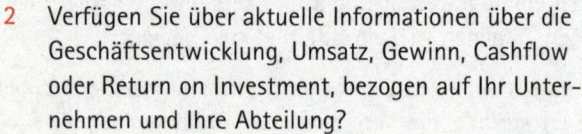

3 Sind Sie über Ihre Mitarbeiter ausreichend informiert, ihre Fähigkeiten, ihre Aufgaben, ihre Verfügbarkeit, ihre Arbeitsergebnisse?

4 Kennen Sie die Auswirkungen Ihrer Entscheidungen genau genug? Lassen sie sich leicht in Erfahrung bringen?

5 Haben Sie genügend Informationen über das Produkt, das Sie anbieten, oder die Dienstleistung, die Sie erbringen?

6 Verfügen Sie über die Informationen, die Sie benötigen, um Ihre Dienstleistung zu erbringen?

7 Haben Sie relevante Informationen über Ihre Kunden, ihre Wünsche, ihre Zufriedenheit, ihr persönliches Profil?

8 Haben Sie ausreichend Informationen über Ihre Zulieferer und Kooperationspartner, ihre Auslastung, Verfügbarkeit und geschäftliche Entwicklung?

9 Sind Sie über Ihre Konkurrenten informiert, die Marktentwicklung, neue Geschäftsfelder?

10 Werden Sie über allgemeinere Rahmenbedingungen informiert, über politische Entscheidungen, gesellschaftliche Trends, technische Innovationen?

In den Bereichen, die Sie nicht eindeutig mit „Ja" beantworten können, haben Sie noch Informationsbedarf.

# Informationen verteilen

Informationen müssen nicht nur erfasst und beschafft werden, sie müssen auch diejenigen erreichen, die sie brauchen – und zwar auf möglichst kurzem Wege. Dabei sind zunächst zwei Prinzipien zu unterscheiden, wie Informationen den Adressaten erreichen:

- Informationen werden gegeben (Push-Prinzip),
- Informationen werden nachgefragt bzw. eingeholt (Pull-Prinzip).

## Informieren nach dem Push-Prinzip

Folgende sehr unterschiedliche Arten von Information sollten grundsätzlich nach dem Push-Prinzip verteilt werden:

- Schlüsselinformationen, die Sie kontinuierlich benötigen, zum Beispiel Berichte, Kennzahlen, Feedback,
- wichtige Informationen, die sich Ihrer Kenntnis entziehen und die Sie deswegen nicht nachfragen können, etwa unvorhergesehene Vorfälle, Ausnahmesituationen, Verbesserungsvorschläge, Beschwerden.

Das Hauptproblem bei dieser Art von Verteilung: Es werden zu viele Informationen weitergegeben, vor allem zu viele unwesentliche. Die Folge: Der Adressat nimmt viele Informationen gar nicht zur Kenntnis oder wählt willkürlich aus. Außerdem verliert er Zeit, wenn er sich durch einen Wust unwesentlicher Informationen kämpfen muss.

## Konzentration auf das Wesentliche

Gegen die Informationsflut hilft nur eines: Sie müssen die Anzahl der gepushten Informationen rigoros beschränken – auf das wirklich Wesentliche. Bei den Schlüsselinformationen, die Sie kontinuierlich erhalten, ist das am ehesten zu leisten: Wirken Sie darauf hin, dass Sie nur wenige, aussagekräftige Informationen bekommen.

Besonders hilfreich sind (elektronische) Berichte, die über eine sogenannte „Drilldown-Funktion" verfügen. Dabei können Sie die allgemeinen Schlüsselinformationen (zum Beispiel Umsatz, Fehlzeiten) so weit herunterbrechen, wie Sie das möchten – bis auf die Ebene des einzelnen Mitarbeiters.

Schwieriger ist diese Konzentration bei den außerplanmäßigen Informationen. Denn diejenigen, die ihre Information zu Ihnen pushen, wissen oft nicht, was für Sie wirklich wesentlich ist, und geben lieber zu viel als zu wenig weiter. Doch auch dagegen lässt sich etwas tun: Teilen Sie Ihren Informanten mit, worüber Sie informiert werden möchten und vor allem: auf welche Informationen Sie verzichten können.

## Lassen Sie Informationen filtern

Manchmal hilft es nichts. Es erreichen Sie noch immer zu viele Informationen. Vor allem der E-Mail-Informationsstrom versiegt nie. Nutzen Sie die „Regel"-Funktion Ihres E-Mail-Programms, um Ihre Mails übersichtlich zu verwalten.

Manche Führungskräfte versuchen das Problem auf einfache Art zu lösen: Sie richten einen zweiten E-Mail-Account oder einen zweiten Telefonanschluss ein für die „wirklich wichtigen" Informationen. Davon ist jedoch abzuraten. Denn eine solche Lösung führt zuverlässig dazu, dass wichtige Informationen, die im ersten Postfach lagern, keine Chance mehr haben, zu Ihnen vorzudringen.

Natürlich dürfen Sie sich nicht verschanzen. Es muss dafür gesorgt sein, dass wichtige Informationen so schnell wie möglich zu Ihnen gelangen – und zwar von überall her. Dies erreichen Sie durch eine Art „Notrufkommunikation": In dringlichen Fällen – aber eben nur dann – sollten Sie auf direktem Wege zu erreichen sein.

## Beschwerdemanagement

Der Wert von Kundenbeschwerden ist heute unbestritten. Denn ein Kunde, der sich beschwert, liefert dem Unternehmen tatsächlich wichtige Informationen, wo Fehler und Mängel stecken.

Zusätzlich erhöht ein professioneller Umgang mit Beschwerden die Kundenbindung. Unzufriedene Kunden, die sich ernst genommen fühlen, sind treue Kunden und empfehlen das Unternehmen sogar noch weiter, weil man sich so aufmerksam um sie bemüht hat.

Also sollen Beschwerden schnell und effizient bearbeitet werden. Idealerweise landen sie ohne Umwege auf dem Schreibtisch dessen, der für das Problem verantwortlich ist und/oder es unverzüglich beheben kann. Das klingt einleuchtend, bringt in der Praxis jedoch manche Probleme mit sich:

- Der Aufwand ist höher als erwartet und steht oft in keinem Verhältnis zur Bedeutung des Problems. Kleine Beschwerden können hohe Folgekosten verursachen.

- Mitarbeiter, die sich nebenbei auch noch um Beschwerden kümmern müssen, werden aus ihrer Arbeit herausgerissen, ihre Produktivität sinkt.

- Nicht jede Beschwerde ist berechtigt. Führungskräfte, die verlangen, das Problem des Kunden habe grundsätzlich Vorrang, demotivieren ihre Mitarbeiter.

Wenn Sie sich diese Probleme bewusst machen, können Sie ein Beschwerdemanagement installieren, von dem Ihre Organisation wirklich profitieren kann. So ist es sicherlich nützlich, eine zentrale Beschwerdestelle vorzuschalten, die die Beschwerden erfasst, vorsortiert und weiterleitet. Eine solche Stelle kann auch bestimmte Häufungen erfassen und dokumentieren.

## Informieren nach dem Pull-Prinzip

Für die Informationen, die nachgefragt werden, gilt der Grundsatz größtmöglicher Beschränkung nicht. Hier ist ein gewisser Informationsüberfluss gar nicht zu vermeiden. Denn es lässt sich nicht genau vorhersehen, welche Informationen benötigt werden.

Entscheidend ist, dass der Nachfrager die Information schnell und ohne großen zeitlichen Aufwand bekommt, aus welcher Informationsquelle auch immer: aus einer Datenbank, aus dem Intranet, von einem Mitarbeiter, der sich in dieser Sache auskennt, oder aus einem Hängeordner.

## Sie sollten wissen, wo Sie suchen müssen

Manche Organisationen verfügen über riesige Archive und Datenbanken. Das Problem ist nur: Sie werden kaum genutzt, weil die Mitarbeiter sie nicht kennen oder nicht damit umgehen können. Oder weil diese Informationssammlungen unübersichtlich und wenig nutzerfreundlich sind. Das ist Vergeudung wichtiger Ressourcen.

## Pflegen Sie Datenbanken und Informationssysteme

Ein weit verbreitetes Problem: Die Daten und Informationen werden nicht genügend gepflegt. Dadurch verlieren sie aber ihren Wert. Manche Datenbanken sind überhaupt nur dann relevant, wenn sie aktuell und/oder vollständig sind. Sorgen Sie daher dafür, dass diejenigen, die die Daten einpflegen sollen, das auch tun.

# Informationen verstehen

Es ist eine Selbstverständlichkeit: Informationen müssen verstanden werden – und zwar von allen denen, an die sie gerichtet sind. Sonst verlieren sie ihren Sinn. Leider wird allzu oft gegen diesen Grundsatz verstoßen. Aus Nachlässigkeit, aus Bequemlichkeit oder auch, weil dem Adressaten die Kenntnisse fehlen, die Informationen zu verstehen.

# Sorgen Sie für die Verständlichkeit der Informationen

Informationen sprechen nicht für sich. Sie müssen so aufbereitet werden, dass die Leser sie verstehen. Berichte, die keiner versteht, gehören nicht auf Ihren Schreibtisch, sondern in den Papierkorb.

> Halten Sie Ihre Mitarbeiter an, sich so leserfreundlich wie möglich auszudrücken, und geben Sie selbst nur Informationen weiter, wenn sie auch für Ihre Mitarbeiter verständlich sind.

Natürlich gibt es Grenzen. Legen Sie einen Finanzbericht vor und Ihr Adressat weiß nicht, was „Cashflow" bedeutet, so hat er ein Problem und nicht Sie. Auch lassen sich viele Fachinformationen nicht so abfassen, dass sie jeder versteht. Und doch sollte klar sein: Verständlichkeit ist wichtiger als fachsprachliche Exaktheit.

## Brauchen Sie Übersetzungshilfe?

Wenn Sie eine Information nicht verstehen, sollten Sie sich diese erklären lassen. Vielleicht lernen Sie dabei etwas hinzu, vielleicht entdecken Sie, dass man das Gemeinte auch verständlicher ausdrücken könnte. Oder Sie müssen feststellen, dass Sie noch immer nicht wissen, worum es geht. Wenn es auch andere nicht begreifen, liegt der Verdacht nahe, dass die betreffende Information verzichtbar ist.

## Unverständliche Informationen entrümpeln

Informationen, die niemand versteht, nützen keinem, schlimmer noch, sie stehlen Ihnen und anderen die Zeit. Sorgen Sie deshalb dafür, dass unverständliche Informationen aus dem Verkehr gezogen werden. Hingegen sollten Informationen, die unnötig kompliziert gehalten sind, vereinfacht und möglichst anschaulich gestaltet werden.

## Checkliste: Informationsmanagement

1   Werden Sie laufend über die wichtigsten Kennzahlen und Ereignisse informiert?

2   Nehmen Sie diese Berichte vollständig zur Kenntnis? Falls Sie die Informationen nur teilweise aufnehmen: Welche Angaben wären verzichtbar?

3   Können Sie die Quelle ausmachen, wenn Sie von Informationen überschwemmt werden?

4   Wissen Ihre Mitarbeiter, Kollegen und Vorgesetzten, welche Informationen für Sie wesentlich sind?

5   Ist dafür gesorgt, dass dringende Informationen Sie schnell erreichen?

6   Wissen Sie, wo Sie welche Information finden können?

7 Wissen Ihre Mitarbeiter, wo sie welche Informationen bekommen können? Nutzen sie die Datenbanken, Archive und Informationssysteme?

8 Sind die Informationen, die Sie bekommen, zuverlässig, vollständig, präzise, verständlich und aktuell?

9 Verstehen Sie alle Informationen, die Sie bekommen? Welche nicht? Wer kann Ihnen helfen, sie zu verstehen?

10 Sind die Informationen, die Sie anderen geben, zuverlässig, vollständig, präzise, verständlich und aktuell?

11 Stehen Sie für Rückfragen zur Verfügung?

# Wissensmanagement

Die interne Wissensvermittlung spielt für Organisationen aller Art von jeher eine Rolle, doch im Zuge der rasanten Entwicklung von Computernetzen schienen sich neue Möglichkeiten aufzutun, Wissen zu kodifizieren und systematisch zu nutzen.

## Das Wissen in der Organisation nutzen

In jeder Organisation kommen verschiedene Kompetenzen zusammen und entwickeln sich in der täglichen Zusammenarbeit fort. Jeder Mitarbeiter verfügt über bestimmte Kenntnisse und Erfahrungen, die für die Organisation oft sehr wichtig sind – und die er mitnimmt, wenn er die Organisation verlässt.

Hier setzt das Wissensmanagement an. Das vorhandene Wissen der Mitarbeiter soll besser genutzt werden, es soll auch anderen zugute kommen und der „Abfluss" von Wissen soll verhindert werden. Der Grundgedanke drückt sich in dem oft zitierten Satz aus „Wenn Siemens wüsste, was Siemens weiß" – dann wäre der unüberschaubare Konzern innovativer, flexibler und leistungsfähiger.

# Wer will sein Wissen weitergeben?

Einige zentrale Annahmen aus den frühen Tagen des Wissensmanagements muten recht naiv an:

- Das Wissen der Mitarbeiter lässt sich kaum kodifizieren oder durch bestimmte Algorithmen fassen.

- Wissen bildet sich nicht durch Anwendung bestimmter Sätze und Regeln, sondern durch Erfahrung. Diese Erfahrung lässt sich nicht einfach speichern und abrufen.

- Wissen ist an bestimmte Umstände geknüpft. Wenn sich diese Umstände ändern, ist es wichtiger zu vergessen und neu zu lernen als das altbewährte Wissen zu tradieren.

- Es läuft den Interessen der Mitarbeiter vollkommen zuwider, ihr Wissen an die Organisation abzutreten. Dadurch würden sie sich ja überflüssig machen. Auf jeden Fall würden sie ihre Position erheblich schwächen.

Die überzogenen Ansprüche sind zurückgenommen worden. Wie in anderen Bereichen auch macht sich ein Realismus breit, was dem Wissensmanagement nur gut tun kann.

## „Best practices" dokumentieren

Eine Lieblingsidee des Wissensmanagements war die Wissens- oder Expertendatenbank, die zu jedem bisher aufgetretenen Problem die zugehörige „Lösung" ausspuckt. Wenngleich sie eine wertvolle Entscheidungshilfe sein können, so ist der Anspruch, das Problem „gelöst" zu bekommen, vermessen.

Was sich in diesem Zusammenhang hingegen unter bestimmten Voraussetzungen bewährt hat, ist die Idee der „best practices": Vor allem beim Projektmanagement kann es hilfreich sein, wenn man die Vorgehensweise zur Kenntnis nimmt, die sich bis jetzt als effektivste erwiesen hat.

Doch wäre es verhängnisvoll, aus dieser vernünftigen Idee ein Dogma zu machen. Denn Organisationen, die nur auf ihre „best practices" starren, sind eines gewiss nicht: innovativ. Früher sagte man statt „best practices": „Das haben wir schon immer so gemacht."

> Dokumentieren Sie, wie Sie und Ihre Mitarbeiter vorgehen. So verhindern Sie, dass sich Fehler wiederholen. Und Sie können daran anknüpfen, was gut gelaufen ist.

# Kodifizieren oder personalisieren?

Die Autoren Hansen, Nohria und Tierney haben zwei gegensätzliche Strategien von Wissensmanagement herausgearbeitet.

- Die Kodifizierung von Wissen: Das Wissen der Mitarbeiter wird in einem elektronischen Dokumentensystem erfasst, ständig aktualisiert und steht allen zur Verfügung.

- Die Personalisierung: Mitarbeiter geben ihre individuelle Expertise weiter, tauschen sich aus.

Einmal wird Wissen über Dokumente, einmal über Personen vermittelt. Beide Strategien haben ihren Sinn, doch sollte es in jeder Organisation eine klare Priorität für eine der beiden Strategien geben, meinen Hansen, Nohria und Tierney.

## Wann kodifizieren?

Dreh- und Angelpunkt bei der Kodifizierungsstrategie ist die Implementierung der erforderlichen Software. Es muss von Anfang an klar sein, für welche Art von Wissen die Datenbank aufgebaut werden soll, wie die Mitarbeiter darauf zugreifen können und auf welche Weise der Datenbestand gepflegt wird. Findet zum Beispiel eine automatische Aktualisierung statt, weil die Wissensdatenbank in das Unternehmensnetzwerk voll integriert ist und die Mitarbeiter ihr Wissen einfach dadurch weitergeben, dass sie ihre Arbeit tun?

**Beispiel:**

 Der Servicemitarbeiter eines internationalen Konzerns kann auf eine riesige Wissensdatenbank zurückgreifen. Er muss nur die Art des Problems und den Gerätetyp eingeben. Findet er selbst eine neue Lösung, wird sie dokumentiert und steht sofort weltweit zur Verfügung.

Entscheidend sind jedoch zwei Fragen:

– Lässt sich das Wissen standardisieren?
– Gibt es eine große Anzahl ähnlicher Fälle?

Ist dies der Fall, dürfte die Kodifizierungsstrategie vorzuziehen sein. Denn ihre große Stärke ist: Bei entsprechender „Nachfrage" senkt sie die Kosten für die „Wissensarbeit" erheblich. Hoch qualifizierte Dienstleistungen wie medizinische Beratung (oder auch Unternehmensberatung) können zu einem wesentlich niedrigeren Preis angeboten werden.

## Wann personalisieren?

Ein großer Teil des Wissens (vielleicht sogar der entscheidende) lässt sich nicht in elektronische Datennetze einspeisen. Er ist an die Persönlichkeit gebunden, abhängig von ihrer individuellen Erfahrung und lässt sich vielfach gar nicht in Worte fassen. Nur im persönlichen Kontakt kann man an diesem Wissen teilhaben. Genau das ist die Grundidee beim „personalisierten" Wissensmanagement: Der Wissensaustausch wird über Expertennetze gefördert. Das ist jedoch nur unter zwei Voraussetzungen möglich:

- Die spezifischen Fähigkeiten und Erfahrungen der Mitarbeiter müssen detailliert erfasst werden.

- Es muss Raum geschaffen werden zum Austausch und zur Vermittlung von Wissen. Ein hoch qualifizierter Mitarbeiter, der bis zum Hals in Projekten steckt, ist gar nicht in der Lage, sein Wissen auch noch weiterzuvermitteln.

Bei dieser Art von Wissensmanagement findet weit eher ein echter Wissenstransfer statt. Qualifizierte Mitarbeiter lassen sich durch Mentoren weiter qualifizieren, Experten können ihre Kompetenz im Austausch mit anderen erweitern.

Es gibt noch einen weiteren Vorteil: Derjenige, der das Expertenwissen benötigt, kann gezielt nachfragen und ist nicht darauf angewiesen, dass die Lösung im elektronischen Formular enthalten ist.

- Sind die Probleme, die Sie bearbeiten, komplex und unstrukturiert?

- Ist jeder Fall, den Sie bearbeiten, individuelle Maßarbeit?

In diesem Fall ist personalisiertes Wissensmanagement die bessere Alternative. Allerdings müssen Sie sich darüber im Klaren sein: Sie ist auch weit kostenintensiver.

# Strategie und Planung

Eine Führungskraft muss nicht nur sich selbst und ihre Mitarbeiter gut führen können, sondern auch die Organisation und Entwicklung des Unternehmens im Blick haben: Wo liegen die aktuellen Schwierigkeiten? Was muss heute getan werden, damit das Unternehmen morgen noch konkurrenzfähig ist?

In diesem Kapitel lernen Sie die wichtigsten Managementkonzepte kennen.

# Moden oder Methoden?

In den vergangenen Jahrzehnten sind zahllose Managementmethoden auf den Markt gekommen. Viele von ihnen weckten
hohe Erwartungen, die dann nicht selten enttäuscht wurden.
Vorzeigeunternehmen von einst wurden zu Sorgenkindern
und damit schien auch die zugehörige Managementmethode
diskreditiert.

Da liegt es nahe, Managementmethoden generell als vorüber-
gehende Modeerscheinung zu betrachten und sie nicht weiter
ernst zu nehmen. Das wäre aber verhängnisvoll. Denn *jede*
dieser Methoden ist ein Werkzeug, das entwickelt wurde, um
bestimmte Probleme zu lösen. Wichtige Erfahrungen von
Unternehmen und Führungskräften sind darin eingeflossen.

Wenn sie ihren hohen Ansprüchen oft nicht gerecht geworden
sind, dann häufig deshalb, weil sie verabsolutiert wurden. So
gesehen können Managementkonzepte, die momentan nicht
„aktuell" sind, für Ihre Organisation höchst bedeutsam sein. In
diesem Kapitel stellen wir Ihnen ohne Anspruch auf Vollständigkeit die wichtigsten Konzepte vor.

| Managementkonzept | Schwerpunkt | Bietet u.a. Lösungen für folgende Probleme |
| --- | --- | --- |
| Balanced Scorecard | Kennzahlen und Zielrichtung | Ausrichtung des Unternehmens mit dem nötigen Zahlenmaterial zur Steuerung in Einklang bringen |
| Portfolioanalyse | Prüfung der Produktpalette | Die richtige Strategie wählen |
| Prozessmanagement | Abläufe im Unternehmen sinnvoll definieren | Zu teurer und zu hoher Aufwand im Unternehmen |
| Kaizen | Kontinuierliche Verbesserung | Optimierung in gesättigten Märkten |
| Lean Management | Abbau von überflüssigen Tätigkeiten | Zu teurer und zu hoher Aufwand im Unternehmen |
| Business Process Reengineering | Strategische Ausrichtung des Unternehmens auf seine Kernkompetenzen | Die Kundenorientierung ist nicht im gesamten Unternehmen verankert |
| Szenariomanagement | Mögliche künftige Entwicklungen werden erarbeitet | Die richtige Strategie wählen |
| Benchmarking | Die Marktführer werden als Maßstab untersucht | Verlust an Marktanteilen |
| Target Costing | Der Marktpreis definiert den Aufwand für ein Produkt | Zu teurer und zu hoher Aufwand im Unternehmen |
| Total Quality Management | Die Qualität der Leistung wird verbessert | Der Kunde wählt zunehmend bessere Produkte als die eigenen |

# Balanced Scorecard

Die Managementmethode der Balanced Scorecard wurde von Robert S. Kaplan, Professor an der Harvard Business School, und David P. Norton entwickelt. Sie versucht sicherzustellen, dass alle wesentlichen Aspekte der Unternehmensführung durch ein Kennzahlensystem erfasst werden – und zwar in einem ausgewogenen Verhältnis.

> Eine Kennzahl ist ein Indikator, ein Messinstrument, das Ihnen Aufschluss darüber geben soll, wo Ihr Unternehmen steht. Sie verdichtet Informationen und gibt Ihnen Orientierung und einen Anhaltspunkt, ob Sie Gegenmaßnahmen ergreifen sollten. Typische Kennzahlen sind Cashflow und Return on Investment. Weitere Informationen dazu finden Sie im TaschenGuide „Kennzahlen".

Die Entscheidung, welche Kennzahlen überhaupt gemessen werden sollen, ist eine strategische Entscheidung. Denn Kennzahlen sind für Sie als Führungskraft wichtige Entscheidungsgrundlagen. Die kritischen Erfolgsfaktoren betreffen jedoch oft allgemeine Bereiche – möglicherweise ist Ihr spezifischer Wettbewerbsvorteil Ihr perfekter Service. Doch solche Ziele sind nicht selten aus dem Berichtssystem ausgeschlossen, weil keine Kennzahlen eingeführt wurden, die sie abbilden.

Hier setzt das Konzept der Balanced Scorecard an: Die Kennzahlen Ihres Unternehmens müssen seinen Zielen entsprechen – und zwar in allen Aspekten eines Unternehmens. Zur Klarstellung: Nicht jedes Ziel muss dabei in Form einer Kennzahl gemessen werden. Doch dann sollte in anderer Form definiert werden, wodurch das Ziel konkret erreicht wird und wann es als erreicht gilt (weitere Informationen finden Sie im Taschen-Guide „Balanced Scorecard").

# Ausgewogenheit als Prinzip

Bei der Balanced Scorecard sollen Vergangenheit, Gegenwart und Zukunft berücksichtigt werden – im Gegensatz zu vielen traditionellen Kennzahlsystemen, die stark vergangenheitsorientiert sind, weil sie nur auf die „harten" Finanzkennzahlen ausgerichtet sind.

Die Zukunft lässt sich naheliegenderweise nur indirekt erfassen. Gemessen werden Größen, die als „Treiber" für künftige Leistungen infrage kommen, zum Beispiel der Aufwand für Weiterbildung, die Anzahl der angemeldeten Patente, der Aufwand für die Erschließung neuer Märkte oder Kundensegmente.

# Kennzahlen oder: Was dem Unternehmen wichtig ist

In der Vergangenheit galten Kennzahlen als ziemlich spröde Materie, als Gegenstand, um den sich eher die „Erbsenzähler" als die Visionäre im Unternehmen kümmerten. Doch dann wurde die große strategische Bedeutung von Kennzahlsystemen entdeckt. Messen kann man schließlich alles Mögliche – nicht nur Umsatzzahlen und Mitarbeiterfluktuation. Auch „weiche" Ziele wie Umweltschutz oder Kundenorientierung lassen sich durch Kennzahlen abbilden.

**Mission und Strategie in Kennzahlen übersetzen**

Direkt verbunden mit dem Prinzip der „Ausgewogenheit" ist eine zweite Anforderung an die Balanced Scorecard: Sie sollte Ausdruck der strategischen Ziele der Organisation sein. In sogenannten „Mission statements" wird der „Auftrag" umrissen, den die Organisation an sich gestellt sieht. Worin besteht seine Aufgabe? Welchen Werten fühlt man sich verpflichtet? Wie geht man mit den Mitarbeitern um? Welche Position strebt man im Markt an?

# Stakeholder- statt Shareholder-Value

Zum besseren Verständnis trägt es bei, wenn Sie sich verdeutlichen, dass die Balanced Scorecard weithin dem Stakeholder-Konzept verpflichtet ist. Im Unterschied zum viel kritisierten Shareholder-Value stehen beim Stakeholder-Konzept nicht die (weitgehend homogenen) Interessen der Kapitalgeber (der „Shareholder") im Vordergrund. Vielmehr geht es um die unterschiedlichen Interessen aller, die von dem Unternehmen in irgendeiner Weise betroffen sind (die „Stakeholder"): Mitarbeiter, Zulieferer, Kunden, Finanziers – aber auch Anwohner einer Fabrikanlage können „Stakeholder" sein.

- Der Stakeholder-Value ist einer „ganzheitlichen" Perspektive verpflichtet. Es geht um den Interessenausgleich zwischen den unterschiedlichen Stakeholdern.

- Beim Shareholder-Value steht die Marktwertmaximierung des Eigenkapitals im Vordergrund. Daraus folgt in der Regel eine Konzentration auf kurz- und mittelfristig rentable Kerngeschäfte.

# Die vier Perspektiven der Balanced Scorecard

Kaplan und Norton unterscheiden vier Perspektiven, die ein erfolgreiches Management berücksichtigen sollte:

- die wirtschaftliche Perspektive,
- die Kundenperspektive,
- die Perspektive der internen Prozesse,
- die Lern- und Entwicklungsperspektive.

## Harte Zahlen: die wirtschaftliche Perspektive

Hier finden sich die traditionellen Finanzkennzahlen wie Return on Investment, Cashflow oder Eigenkapitalrendite. Dabei werden die Ziele der Organisation in Abhängigkeit zu ihrer jeweiligen Entwicklungsphase festgelegt, ob sich die Organisation bzw. das Produkt in einer Phase des Wachstums, der Reife oder der Ernte befindet (siehe „Portfolioanalyse").

Darauf werden die Maßnahmen (zum Beispiel Anheben, Senken der Verkaufspreise) und Ziele (etwa hoher Marktanteil oder Entwicklung neuer Produkte) abgestimmt.

## Was Sie bieten müssen: die Kundenperspektive

Dieser Perspektive liegt die Frage zu Grunde, wie sich die Organisation ihren Kunden gegenüber darstellt. Was muss sie ihnen bieten, um einen hohen Grad an Zufriedenheit zu erreichen? Doch zufriedene Kunden sind noch keine rentablen Kunden. Daher sind auch Rentabilitätskennzahlen erforderlich. Vielleicht zeigt sich, dass einige Ihrer sehr zufriedenen Kunden dennoch unrentabel sind.

Weiterhin können folgende Kennzahlen eine Rolle spielen:

- Wie hoch ist der Marktanteil?
- Wie viele neue Kunden wurden gewonnen?
- Wie dauerhaft sind Kundenbeziehungen? Wie groß ist der Anteil langjähriger Kunden?
- Wie ist das Image des Unternehmens bei den Kunden?

## Wie Ihr Unternehmen arbeitet: die Perspektive der internen Prozesse

Hier steht die Verbesserung der internen Betriebsprozesse im Vordergrund. Wie sind die Qualitäts- und Durchlaufkennzahlen? Zusätzlich sollen zwei weitere Prozessarten erfasst werden: der Innovationsprozess und der Serviceprozess. So kann zum Beispiel die Zeitspanne bis zur Entwicklung der nächsten Produktgeneration gemessen werden, die Prozentzahl des Umsatzes aus neuen Produkten oder die Reaktionsgeschwindigkeit des Kundendienstes.

## Unscharfe Ziele – die Lern- und Entwicklungsperspektive

Die vierte Perspektive ist ganz auf die Zukunft gerichtet. Das macht ihre Handhabung so schwierig. Denn, wie Kaplan und Norton selbst einräumen, es gibt kaum Kennziffern, die die Lern- und Entwicklungsperspektive beschreiben.

Konkret soll es um die Erfassung von drei Hauptkategorien gehen:

- Mitarbeiterpotenziale,

- Potenziale von Informationssystemen (haben die Mitarbeiter umfassende Informationen über Kunden, interne Prozesse und die finanziellen Auswirkungen ihres Handelns zur Verfügung?),

- Motivation, Empowerment und Zielausrichtung (inwieweit haben die Mitarbeiter die Freiheit, eigene Entscheidungen zu treffen und selbstständig zu handeln?).

Es besteht kein Zweifel, dass diese Ziele eine wichtige Rolle spielen können. Und doch ist die Frage offen, wie man sie zuverlässig messen kann. (Weitere Informationen finden Sie im Buch von Kaplan und Norton, siehe „Literatur".)

# Portfolioanalyse

In aller Regel bietet ein Unternehmen verschiedene Produkte und/oder Dienstleistungen an. Diesen Produktmix zu analysieren und zu optimieren ist eine strategische Managementaufgabe: die Portfolioanalyse.

Ihre Wurzeln liegen im Finanzmanagement, genauer im Wertpapiergeschäft. Der Finanzexperte H. M. Markowitz beschäftigte sich Anfang der 1950er-Jahre mit der optimalen Ausgestaltung von Wertpapierdepots. Risiko und Rendite sollten durch gelungene Kombination der Papiere in ein möglichst günstiges Verhältnis gesetzt werden.

# Der Lebenszyklus eines Produkts

Doch die Portfolioanalyse kümmert sich nicht allein um die ausgewogene Ausgestaltung der Produktpalette. Das Wesentliche ist vielmehr, dass sie den Aspekt der Zeit hinzufügt: Produkte bleiben nicht unverändert, sie „altern" und durchlaufen einen „Lebenszyklus".

## Die vier Lebensphasen eines Produkts

1   Entstehungsphase: Markteinführung; hohe Investitionskosten,

2   Wachstumsphase: stark steigende Umsatzrendite; wenige Wettbewerber; sinkende Stückkosten dank verbesserter Produktionsverfahren,

3   Reifephase: langsamer Rückgang der Gewinnkurve; starker Wettbewerbsdruck; Preisreduktion,

4   Sättigungsphase: mehr und mehr Me-too-Produkte, Billiganbieter, Umsatzrendite sinkt nach und nach in die Verlustzone.

Diese Phasen können sich unterschiedlich lang ausdehnen. Es gibt Produktklassiker, die sich extrem lange in der „Reifephase" befinden, während andere Produkte bereits veraltet sind, wenn sie auf den Markt kommen (etwa Software). Übrigens wird dieses Vier-Phasen-Modell nicht nur auf einzelne Produkte angewendet, sondern auch auf Sortimente, auf Technologien, ja auf ganze Branchen.

# Die Vier-Felder-Matrix der Boston Consulting Group

Aufbauend auf die vier Lebensphasen hat die Boston Consulting Group eine Matrix entwickelt, die bis heute die Portfolioanalyse dominiert. Dabei werden zwei Dimensionen untersucht:

- Das *Wachstum des Marktes.* Handelt es sich um einen dynamischen, schnell wachsenden oder um einen gesättigten Markt?

- Der *relative Marktanteil des Produkts.* Ist das Produkt Marktführer oder liegt es weit zurück?

Die Marktdimension bildet gewissermaßen die Umwelt ab, während der Marktanteil die Situation des Unternehmens beschreibt. Für die Analyse kommt es sehr stark darauf an, wie der Markt überhaupt definiert wird. Wenn Sie der führende Anbieter von Kartoffelsaft sind, können Sie auf dem Markt der Getränke eine eher untergeordnete Rolle spielen.

| Die Vier-Felder-Matrix der Boston Consulting Group | | |
|---|---|---|
| **Hohes Marktwachstum** | I Fragezeichen (Questionmarks) | II Stars |
| **Niedriges Marktwachstum** | IV Arme Hunde (Poor Dogs) | III Cash-Kühe (Cash Cows) |
| | **Niedriger Marktanteil** | **Hoher Marktanteil** |

## Für jeden Typ eine Produktstrategie

Je nachdem, in welchem Feld sich ein bestimmtes Produkt befindet, sind unterschiedliche Strategien zu verfolgen.

1   *Fragezeichen (Questionmarks)*: Hier ist die weitere Entwicklung fraglich. Es sollte selektiv in die Produkte mit den besten Marktchancen investiert werden.

2   *Stars:* Diese Produkte sind besonders zu fördern. Hier sollte weiter investiert werden, um sie noch erfolgreicher zu machen und die Rendite zu erhöhen.

3   *Cash-Kühe (Cash Cows)*: Sie sollten „gemolken" werden. Es gilt die Marktposition zu halten. Größere Neuinvestitionen sind jetzt zu vermeiden. Die Gewinne können abgeschöpft und im Bereich der Fragezeichen investiert werden.

4   *Arme Hunde (Poor Dogs)*: Die Investitionen sollten langsam zurückgefahren werden. Solange diese Auslaufmodelle noch Gewinn erwirtschaften, können sie im Portfolio bleiben. In absehbarer Zeit sind sie jedoch zu liquidieren.

## Welche Mischung ist anzustreben?

Im Idealfall verfügt ein Unternehmen über ein ausgewogenes Produkt-Portfolio. Es geht also nicht darum, dass sich nur Stars oder Cash-Kühe im Sortiment befinden sollten. Denn gemäß dem Lebenszyklusmodell befinden sich die künftigen Stars heute im Feld der Fragezeichen. Und die ertragreichen Cash-Kühe werden schließlich zu „armen Hunden".

Optimal ist ein Portfolio mit folgenden Anteilen:

– Fragezeichen (Questionmarks)      10–20 %

– Stars      30–40 %

– Cash-Kühe (Cash Cows)      30–40 %

– Arme Hunde (Poor Dogs)      10–20 %

### Arme Hunde leben länger

Die Vier-Felder-Matrix ist immer wieder kritisiert worden: Sie vereinfache zu stark. Auch seien die vorgeschlagenen Strategien nicht immer passend. Manche „Stars" werden unversehens zu „armen Hunden" und manche „armen Hunde" erweisen sich als ausgesprochen zählebig.

Es ist sicher so, dass man an das Vier-Felder-Schema keine überzogenen Ansprüche stellen sollte. Aber was die Kritiker hier bemängeln, nämlich die starke Vereinfachung, ist gleichzeitig seine Stärke. Die vier Kategorien bieten Orientierung. Sie sind anschaulich und überzeugend. Wenn Sie einem anderen Manager Ihre Produktstrategie erläutern wollen und von „Cash-Kühen" und „armen Hunden" sprechen, wird er schnell wissen, was Sie meinen.

# Die Neun-Felder-Matrix von McKinsey

Die Unternehmensberatung McKinsey hat eine weitere Methode für eine Portfolioanalyse entwickelt: Die Neun-Felder-Matrix differenziert etwas stärker, ansonsten ist sie aber nach ganz ähnlichen Prinzipien aufgebaut. Doch anstelle des „Wachstums" wird nun die „Attraktivität" des Marktes bewertet und anstatt auf den „Marktanteil" wird die Aufmerksamkeit auf die „Wettbewerbsstärke" gelenkt.

| Portfolio-Matrix nach McKinsey | | | |
|---|---|---|---|
| **Hohe Markt-attraktivität** | Verdoppeln oder stoppen | Anstrengungen verstärken | Führerschaft anstreben |
| **Mittlere Markt-attraktivität** | Nische suchen oder aussteigen | Vorsichtig fortfahren | Wachstum identifizieren |
| **Geringe Markt-attraktivität** | Rückzug | Schrittweise aussteigen | „Cash-Generation" |
| | **Geringe Wettbewerbs-stärke** | **Mittlere Wettbewerbs-stärke** | **Hohe Wettbewerbs-stärke** |

### Neun Musterstrategien

Für jedes Feld empfiehlt McKinsey eine andere Strategie. So geht es bei hoher Marktattraktivität und hoher Wettbewerbsstärke darum, weiter zu wachsen, die Investitionen zu maximieren und die Marktführerschaft anzustreben. Ist die Wettbewerbsstärke hingegen gering, ist zu entscheiden, ob die Aktivitäten erheblich verstärkt oder gänzlich gestoppt werden sollten.

## Für jeden Zweck eine eigene Matrix

Kein Zweifel, das McKinsey-Raster ist wesentlich differenzierter, zugleich aber fehlt ihm etwas Wichtiges: Es ist bei weitem nicht so anschaulich wie die „klassische" Matrix der Boston Consulting Group.

Welcher Einteilung Sie folgen wollen, ist davon abhängig, worauf Sie mehr Wert legen. Ohnehin gibt es für eine Portfolioanalyse keine verbindlichen Regeln. Es sind viele weitere Kriterien denkbar. Auch die Auflösung könnten Sie noch weiter verfeinern, wenn Sie das wollten.

Im Prinzip kann sich jede Organisation ihre eigene Matrix zurechtlegen, wobei darauf zu achten ist, dass auf der einen Achse die „Umwelt" (in der Regel: der Markt) erfasst wird, auf der anderen Achse das Produkt (in der Regel: seine Marktposition).

> Die Leistung einer „selbst gestrickten" Matrix: Sie erkennen auf einen Blick, wie sich Ihr Portfolio zusammensetzt. Der Nachteil: Wie es zusammengesetzt sein sollte, erfassen Sie damit nicht.

# Prozessmanagement

Neuere Managementansätze zeichnen sich häufig dadurch aus, dass sie prozessorientiert sind. Das bedeutet zunächst einmal nicht mehr, als dass die Geschäftsprozesse in den Mittelpunkt der Betrachtung gerückt werden. Doch ergeben sich aus dieser Prozessorientierung oftmals weit reichende Konsequenzen: von der Neuverteilung bestimmter Verantwortlichkeiten bis zum Umbau der gesamten Organisation.

# Die Stärken der Prozessorientierung

In einer Umwelt, die sich rasant verändert, haben traditionelle Organisationen mit einer Reihe von Problemen zu tun:

- Starre Hierarchien verhindern flexible, effiziente Abläufe. Ressourcen werden vergeudet.
- An den Schnittstellen gibt es Abstimmungsprobleme. Die Folge: Doppelarbeit, Zeitverlust, Einbuße an Qualität.
- Die Zuständigkeiten sind zersplittert in einzelne Teilaufgaben, die immer schwerer zu koordinieren sind.
- Abteilungen arbeiten isoliert voneinander und verfolgen eigene Ziele – nicht selten in Konkurrenz zu anderen Abteilungen.

Eine stärkere Orientierung an den Prozessen soll diese weit verbreiteten Probleme lösen. Die Abläufe im Unternehmen werden analysiert und – orientiert am Gesamtnutzen für die Organisation – neu gestaltet.

Konkret konzentriert sich Prozessmanagement auf die folgenden Ziele:

- Schnellere, vor allem aber schlankere Prozesse; dadurch Entlastung und effizienterer Einsatz von Ressourcen.
- Reduzierung von Schnittstellen, zum Beispiel durch Integration abteilungsfremder Arbeitsabläufe.
- Begleitung des gesamten Prozesses, Überwachung und Verantwortung in einer Hand, etwa durch Schaffung horizontaler Führungspositionen (Accountmanager, Produktmanager).

- Auflösung des Abteilungsdenkens durch Abkehr von der tayloristischen Arbeitsteilung und Umstrukturierung der Organisation.

### Eine Frage der Dosierung

In der Praxis hat die stärkere Prozessorientierung zu unterschiedlichen, teils widersprüchlichen Ergebnissen geführt. Dies liegt einmal daran, dass die Prozesse, die in den Organisationen gemanagt werden sollen, sehr unterschiedlich sind; zum anderen ist das Ergebnis aber auch abhängig von der Intensität und dem Ausmaß der Prozessorientierung.

Die mildeste Form von Prozessmanagement: Bestehende Abläufe werden vereinfacht, gleichartige Prozesse werden zusammengefasst (siehe unten „Kaizen").

Die radikalste Ausprägung: Das gesamte Unternehmen wird neu ausgerichtet und in eine Prozessorganisation umgebaut (siehe „Business (Process) Reengineering").

# Prozessoptimierung

Das Mindeste, was eine Organisation tun kann: Ihre Geschäftsprozesse werden untersucht, verschlankt und effizienter gestaltet. Zwingende Voraussetzungen, damit dies gelingt, sind:

- Einbeziehung aller Betroffenen (Prozessoptimierung von oben oder vom „grünen Tisch" aus funktioniert nicht),
- Unterstützung durch das Top-Management.

## Wählen Sie aus und grenzen Sie ab

Als erstes müssen Sie sich für einen bestimmten Prozess entscheiden. Sinnvollerweise nehmen Sie sich einen Prozess vor, der einen intensiven Ressourcenverbrauch oder einen hohen Anteil am Kundennutzen aufweist. Oder Sie wählen einen Prozess aus, den Sie aktuell für besonders ineffizient und damit für reformbedürftig halten.

**Beispiel:**

 Die Reisekostenabrechnung bei den öffentlich-rechtlichen Rundfunkanstalten ist ein äußerst verschachteltes Verfahren, bei dem unzählige Formulare zum Einsatz kommen. Sehr häufig gehen die Abrechnungen wieder an die Mitarbeiter zurück, weil ein Formular nicht vorschriftsmäßig ausgefüllt worden ist. Abweichungen von der vorgeschriebenen Reiseroute stellen bei der Abrechnung eine Katastrophe dar, ein typischer Fall also für eine Prozessoptimierung.

## Nehmen Sie den bestehenden Prozess unter die Lupe

Nunmehr müssen Sie den Prozess genauer analysieren. Unter Umständen müssen Sie ihn in Haupt- und Teilprozesse gliedern, immer mit dem Ziel, den Ablauf transparent zu machen, die Abfolge und Dauer aller Schritte festzuhalten, alle Beteiligten und den jeweiligen Ressourcenverbrauch aufzulisten. Für die Analyse gibt es geeignete Hilfsmittel, wie Software und Prozess-Flowcharts, die Ihnen die Analysearbeit erleichtern können.

## Wo kann der Prozess optimiert werden?

Schon bei der Analyse wird in aller Regel offenbar, wo die Schwachstellen sind, zum Beispiel, wo es immer wieder zu Verzögerungen kommt oder wo der Ablauf kompliziert erscheint. Solche Abläufe sind wenig transparent und effizient, sie verursachen unnötige Kosten und müssen dringend vereinfacht werden.

Das Prinzip größtmöglicher Einfachheit führt Sie weiter. Überlegen Sie: Was können Sie alles weglassen? Wie sieht dieser Prozess aus, wenn Sie ihn auf sein Skelett reduzieren? Welche Beteiligten sind nicht absolut erforderlich?

Ebenso kann es nützlich sein, wenn Sie sich fragen, ob in Ihrer Organisation an anderer Stelle eine ähnliche Leistung erbracht wird. Dann wäre zu prüfen, ob diese Leistung nicht vereinheitlicht werden sollte, oder ob sich die Aufgaben nicht gleich zusammenlegen lassen.

## Checkliste: Prozessoptimierung

1 An welcher Stelle treten Wartezeiten auf? Wodurch kommen sie zustande?

2 Gibt es ein Nadelöhr, das den Prozess verlangsamt? Kann die Aufgabe auf andere Stellen verlagert werden? Kann auf die Einschaltung des Nadelöhrs verzichtet werden?

3 Können einzelne Schritte zusammengelegt werden? Welche Aufgaben lassen sich zusammenfassen?

4  Lässt sich die Abfolge verändern und können dadurch
   Schritte entfallen?

5  Gibt es in der Organisation ähnliche Abläufe/Aufgaben,
   die zusammengelegt werden können?

6  Gibt es Routineaufgaben, die fallbezogen bearbeitet
   werden und damit zu viele Ressourcen beanspruchen?

7  Können Sie Verantwortung nach unten delegieren und
   damit Kontrollschritte einsparen?

8  Bleibt die Qualität der Arbeitsergebnisse auf jeden Fall
   erhalten? Wodurch ließe sie sich noch erhöhen?

# Kaizen

Das japanische Konzept des Kaizen galt westlichen Unternehmen Anfang der 1990er-Jahre noch als großes Vorbild. Die
Philosophie der „ständigen Verbesserung" feierte beeindru-
ckende Erfolge, nicht nur in Japan. Doch mit der tiefen Krise
der japanischen Wirtschaft verblasste auch der Glanz von
Kaizen & Co.

Dabei sind viele Vorstellungen aus Japan bis heute relevant.
Eine Reihe westlicher Unternehmen hat zumindest Elemente
japanischen Managements adaptiert. Dazu gehört auch die
Prozessorientierung.

Nach dem Kaizen-Prinzip vollzieht sich die Optimierung der Prozesse in kleinen Schritten. Jeder Firmenangestellte ist aufgefordert, an der Verbesserung mitzuwirken – und zwar permanent. Jedwede Form von Verlust *(Muda)* soll vermieden werden: Energie, Material, Zeit ist einzusparen, Verwaltungsabläufe können gestrafft werden.

Im Zusammenhang mit Prozessmanagement ist dreierlei hervorzuheben: Die Verbesserungen

- werden von den Angestellten initiiert und nicht vom Management,
- vollziehen sich langsam, aber kontinuierlich,
- werden selbst als Prozess aufgefasst, der niemals abgeschlossen ist.

# Lean Management

In den Neunzigerjahren galten Verschlankungsstrategien aller Art als das Erfolgsrezept für Unternehmen. Lean Management stand für Kostensenkung, höhere Effizienz und „Freisetzung" zahlreicher Angestellter, vor allem aus dem mittleren Management.

Lean Management bezog sich nicht nur auf die Optimierung der Geschäftsprozesse, doch ist deren Verschlankung ein ganz wesentliches Anliegen von Lean Management. Darüber hinaus sind noch die folgenden Elemente relevant:

- Abbau und Verflachung von Hierarchien,
- Einsatz von teilautonomen Teams mit hoher Motivation,

- schlanke Fertigung mit kontinuierlichem Materialfluss,

- Beschleunigung der Entwicklung; Einsatz von Simultanous Engineering.

> Simultanous Engineering ist darauf ausgerichtet, die Entwicklungszeit bis zur Marktreife („time-to-market") ohne Qualitätseinbuße zu verkürzen. Dies geschieht dadurch, dass unterschiedliche Aktivitäten parallel stattfinden.

## Konzentration auf die Kernkompetenzen

Eng verbunden mit dem Lean Management ist das Konzept der Kernkompetenzen. Dabei geht es darum, sich auf die Fähigkeiten zu konzentrieren, die für den Erfolg des Unternehmens entscheidend sind. Alles andere können andere besser und/oder billiger. Folglich ist es günstiger, solche Bereiche outzusourcen.

## Leiden schlanke Unternehmen unter Magersucht?

Mittlerweile ist das Lean Management ein wenig in Misskredit geraten. Es hat vielfach zur Überlastung der Mitarbeiter geführt und die Flexibilität der ausgedünnten Unternehmen erheblich eingeschränkt. Was gestern als Schlankheitskur angepriesen wurde, gilt heute als Magersucht. Nebenbei bemerkt bedeutet „lean" in seiner ersten Bedeutung auch gar nicht schlank, sondern mager.

# Business (Process) Reengineering

Beim Business Reengineering werden nicht bloß einzelne Geschäftsprozesse optimiert, sondern das gesamte Unternehmen wird völlig neu ausgerichtet – und zwar auf die erfolgskritischen Geschäftsprozesse. Demgegenüber beschränkt sich das Business Process Reengineering zunächst darauf, einzelne Prozesse neu zu gestalten zum Beispiel durch Prozessoptimierung. Allerdings gewinnt das Process Engineering nicht selten eine Eigendynamik, sodass es häufig in ein Business Engineering mündet (siehe dazu Hammer/Champy im Abschnitt „Literatur").

## Horizontal statt vertikal

Die Grundidee: Das Unternehmen soll nicht mehr vertikal nach Funktionen (etwa Vertrieb, Marketing, Forschung und Entwicklung), sondern horizontal nach Prozessen strukturiert werden. Im Idealfall ergeben sich durchgängige Prozesse ohne Schnittstellen – von den Zulieferern bis zum Kunden.

> Beim Business Process Reengineering werden die Prozesse als entscheidende Faktoren definiert. Nicht die Prozesse sollen den Strukturen folgen, sondern die Strukturen den Prozessen.

Wie beim Lean Management konzentriert sich das Unternehmen auf seine Kernkompetenzen, aus denen die erfolgskritischen Kernprozesse abgeleitet werden.

## Kundenorientierung – von Anfang bis Ende

Alle Prozesse werden auf den Kunden ausgerichtet. Seine Bedürfnisse, Erwartungen und Wünsche sind entscheidend. In letzter Konsequenz heißt das, dass der Kunde selbst in die Prozesse eingebunden ist und gewissermaßen zu einem Teil der Organisation wird. So gibt es einige innovative Modelle, die den Kunden in die Preisgestaltung, Produktentwicklung oder Logistik mit einbeziehen wollen.

Nicht nur die Kunden, auch die Zulieferer sollen möglichst eng in die Geschäftsprozesse einbezogen werden. Ressourcen können gemeinsam genutzt werden, vor allem aber können die Zulieferer in das Informationsmanagement integriert werden und zum Beispiel Daten aus dem unternehmenseigenen Intranet abrufen oder sie dort einspeisen. Dabei müssen andere Daten vor dem Zugriff geschützt werden.

### Das Ende der Unternehmen?

Konsequent zu Ende gedacht führt dieser Ansatz zu einer Auflösung fester Organisationsstrukturen. Es entstehen virtuelle Unternehmen ohne feste Kontur. Die Unterschiede zwischen Zulieferern, Belegschaft und Kunden schwinden. Die Aufgabe von Führungskräften besteht im Managen von Geschäftsprozessen.

# Szenariomanagement

Strategische Planung ist in einem turbulenten Umfeld nur schwer möglich. Entwicklungen lassen sich kaum zuverlässig prognostizieren. Auf gesicherte Annahmen lässt sich kaum noch bauen.

### Die Plausibilitätsfalle

Um strategische Entscheidungen zu treffen, müssen wir Annahmen über die Zukunft machen. Üblicherweise rechnen wir mit dem, was uns am wahrscheinlichsten vorkommt. Wir verlängern die Gegenwart in die Zukunft. In der kurzfristigen Planung fahren wir auch gar nicht schlecht damit. Nur bei langfristigen Prognosen liegen wir fast immer daneben. Denn es geschehen Dinge, mit denen niemand rechnet. So prognostizierte Thomas J. Watson, damals Vorstandsvorsitzender von IBM, im Jahr 1943: „Ich glaube, auf dem Weltmarkt besteht Bedarf für fünf Computer, nicht mehr".

Daher hat das Szenariomanagement an Bedeutung gewonnen. Denn im Gegensatz zu traditionellen Prognoseverfahren (Expertenbefragung, Zeitreihen) geht es davon aus, dass die Zukunft nur beschränkt vorhersehbar ist.

## Die Zukunft ist unsicher

Szenariomanagement versucht nicht die Zukunft festzuschreiben. Es werden keine definitiven Aussagen darüber getroffen, mit welcher Entwicklung zu rechnen ist. Vielmehr hilft das Szenariomanagement, mehrere alternative Zukunftsbilder zu entwickeln und über geeignete Maßnahmen nachzudenken. Das hat folgende Vorteile:

- Es können Entwicklungen berücksichtigt werden, die möglich, aber nicht sehr wahrscheinlich sind, beispielsweise Störfälle, plötzliche Verknappung von Ressourcen.

- Unvorhersehbare Ereignisse treffen das Unternehmen nicht unvorbereitet.

- Szenarien sind anschaulich und konkret. Sie lassen uns Zusammenhänge besser verstehen.

- Szenarien erfassen ein ganzes Bündel von Merkmalen. Dadurch können Wechselwirkungen erkannt und berücksichtigt werden.

- Komplette Szenarien lassen sich leichter vermitteln als isolierte Annahmen, die zusammengenommen häufig nicht konsistent sind.

# Die fünf Phasen des Szenariomanagements

Es gibt kein verbindliches Modell für den Ablauf. Wir folgen dem Schema von Gausemeier, Finke und Schlake (siehe „Literatur").

- Phase 1: Szenariovorbereitung

  Zu Anfang muss der Untersuchungsgegenstand genau abgegrenzt werden. Geht es um einen Geschäftsbereich, das gesamte Unternehmen, eine bestimmte Technologie? Zugleich legen Sie den zeitlichen Horizont fest: Fünf Jahre, zehn Jahre, 20 Jahre? Schließlich sollten Sie Ihren Untersuchungsgegenstand näher analysieren: Wie ist die aktuelle Situation?

- Phase 2: Szenariofeldanalyse

  Ausgehend von Ihrer Analyse versuchen Sie nun relevante Umweltsegmente und Einflussbereiche zu identifizieren. Aus den Bereichen leiten Sie nun konkrete Einflussfaktoren ab. Was wirkt auf Ihr Untersuchungsobjekt ein? Was könnte es künftig beeinflussen? Die Entwicklung der Kaufkraft, die Kriminalitätsrate, die Zunahme von Einpersonenhaushalten, die Akzeptanz für Inhalte aus dem Internet zu bezahlen?

Aus einem ganzen Bündel heterogener Einflussfaktoren müssen Sie nun die Schlüsselfaktoren herausfiltern. Das kann ein außerordentlich aufwendiger Prozess sein, bei dem computergestützte Einflussanalysen und Effektmatrizes zum Einsatz gelangen können.

- Phase 3: Szenarioprognostik

Jetzt müssen Sie für Ihre Schlüsselfaktoren unterschiedliche Entwicklungsmöglichkeiten erarbeiten und in Zukunftsprojektionen beschreiben, zum Beispiel die Entwicklung des Energiesektors: Welche Folgen hätte eine radikale Liberalisierung oder eine strikte Ökologisierung?

Wenn Sie die Entwicklungsmöglichkeiten festlegen, können Sie unter zwei unterschiedlichen Strategien wählen:

- Extremprojektion: Die Entwicklung wird überbetont und dramatisiert. Die Eintrittswahrscheinlichkeit ist eher gering, der Fokus weit gefasst, doch werden Sie auf mögliche Gefahren aufmerksam – empfehlenswert vor allem für Szenarien zur Orientierung.

- Trendprojektion: Sie konzentrieren sich auf Entwicklungen, die Sie für wahrscheinlich erachten. Dadurch verengen Sie den Fokus und gelangen zu eindeutigeren Aussagen – daher geeignet für Szenarien zur Entscheidung.

● Phase 4: Szenariobildung

Erst jetzt gelangen Sie zum eigentlichen Szenario. Dazu bewerten Sie die Verträglichkeiten der alternativen Entwicklungsmöglichkeiten. Aus der widerspruchsfreien Kombination arbeiten Sie einige wenige Szenarien als komplexe Zukunftsbilder heraus.

● Phase 5: Szenariotransfer

Aus den Szenarien leiten Sie nun eine „zukunftsrobuste" Strategie ab. Welches Leitbild könnte sich aus den Szenarien ergeben, welche „strategischen Erfolgspositionen" (SEP) sind zu besetzen? Und welche Maßnahmen sollten ergriffen werden, damit Ihre Organisation auf die mögliche Entwicklung vorbereitet ist? Sind bestimmte Vorbereitungen zu treffen? Müssen Defizite ausgeglichen, Sicherheitslücken geschlossen werden?

## Rechnen Sie mit dem Schlimmsten und mit dem Besten

Das Szenariomanagement hat zwei Zielrichtungen: eine pessimistische, um auf das Schlimmste vorbereitet zu sein (Worst-case-Szenario), aber auch eine optimistische, um Chancen zu erkennen, unerwartete Gelegenheiten zu nutzen und Stärken weiter auszubauen. Es ist nicht nur ein Versäumnis, mögliche Gefahren zu übersehen. Manche Organisationen geraten schlicht deswegen ins Hintertreffen, weil sie auf den „best case" nicht vorbereitet waren.

# Weitere Managementkonzepte

Es gibt zahllose Managementkonzepte, einige davon sind schnelllebige Modetrends. Die wichtigsten Konzepte haben wir Ihnen bereits dargelegt. Abschließend stellen wir Ihnen vier weitere Managementkonzepte vor, die Sie kennen sollten.

## Benchmarking – Lernen von den Besten

Beim Benchmarking geht es um die folgenden Grundfragen: Wie machen es die anderen? Wie machen es die Besten? Welche Werte erreichen sie? Wie kann es uns gelingen, diese Spitzenwerte zu übertreffen?

Benchmarking ist also eine Form der Konkurrenzanalyse, wobei der eigentliche Clou darin besteht, den Blick auf branchenfremde Unternehmen zu richten und von ihnen zu lernen, weniger freundlich formuliert: ihre Praktiken zu kopieren mit dem Ziel, es noch besser zu machen.

**Beispiel:**

 Der Autohersteller Toyota hat sich daran orientiert, nach welchen Prinzipien Supermärkte ihre Regale wieder auffüllen, um seinen Produktionsbereich zu optimieren. Ergebnis war das berühmte „Kanban"-System, das viele Hersteller für ihre Just-in-time-Fertigung übernommen haben.

Benchmarking vollzieht sich in zwei Schritten: Es werden die Leistungsmerkmale (in harten Kennzahlen) miteinander verglichen. Dann wird gefragt: Auf welche Weise wird dieser Wert erreicht? Müssen wir unsere eigenen Prozesse entsprechend umgestalten?

Das zentrale Problem besteht meist darin, zuverlässige Informationen zu bekommen. Denn wer gibt schon freiwillig seine Daten preis – noch dazu der Konkurrenz? Es gibt drei Wege aus diesem Dilemma:

- „Internes Benchmarking": Abteilungen vergleichen ihre Werte und lernen voneinander. Im Grunde handelt es sich darum, die „best practices" (siehe Abschnitt „Wissensmanagement"), die bewährten Lösungen, zu übernehmen.

- Zwei (Spitzen-)Unternehmen aus verschiedenen Branchen vergleichen sich gegenseitig.

- Es wird eine Unternehmensberatung beauftragt, die entsprechenden Werte zu schätzen.

Alle drei Verfahren sind letztlich unbefriedigend. Internes Benchmarking hat keinen großen Effekt; die beiden anderen Methoden liefern kaum „objektive" Zahlen. Es wäre naiv anzunehmen, dass irgendeine Zahl, die vom Unternehmen nach außen gegeben wird, nicht „politisch" sei.

Die Hauptleistung von Benchmarking besteht nämlich nicht im objektiven Leistungsvergleich. Die Zahlen müssen nicht „stimmen", um ihren eigentlichen Zweck zu erfüllen: nämlich Veränderungsprozesse im Unternehmen anzuschieben.

# Target Costing

Beim Target Costing, der „Zielkostenrechnung", wird die Frage „Was *wird* das Produkt kosten?" ersetzt durch die Frage „Was *darf* das Produkt kosten?" Während üblicherweise ein Produkt entwickelt wird und dann die Kosten kalkuliert werden, steht beim Target Costing der marktfähige Preis am Anfang.

> Marktfähiger Preis – Zielgewinn = Kostenobergrenze

Wenngleich das Konzept aus Japan stammt, hat sich das amerikanische Schlagwort vom Markt, der in das Unternehmen hineinverlagert wird, allgemein durchgesetzt. „Market into Company" bedeutet eine Erweiterung des Target Costing über den Bereich der Produktentwicklung hinaus: Auch bei bestehenden Produkten soll es zu Kosteneinsparungen führen.

Die größte Schwierigkeit besteht darin, die Zielkosten sinnvoll aufzuspalten. Wenn Sie wissen, dass ein Fahrzeug 9.500 EUR kosten darf, müssen Sie festlegen, wie viel die Karosserie, das Fahrgestell und der Motor kosten dürfen. Und bei jeder dieser Komponenten müssen Sie weiter spalten: in Materialkosten, Zuliefererteile und Lohnkosten.

> Bei maximaler Ausschöpfung aller Einsparpotenziale bleibt eines selbstverständlich: Das erforderliche Qualitätsniveau muss gehalten werden.

# Total Quality Management

Im Mittelpunkt des Total Quality Management (TQM) steht die Qualität von Produkten und Dienstleistungen. Wenn die Qualität stimmt, stellt sich der ökonomische Erfolg von selbst ein. Wobei Qualität strikt von der Kundenseite her definiert wird, es also nicht um übertriebenen Perfektionismus geht, der unrentabel wäre.

Nachträglich Fehler zu beheben ist erheblich teurer als die Prozesse so zu gestalten, dass (fast) keine Fehler gemacht werden. TQM ist ein langfristig angelegtes, prozessorientiertes Konzept, das die folgenden Elemente umfasst:

- Kundenorientierung: Alle Wertschöpfungsprozesse sind auf den Kunden ausgerichtet.

- Fehlermanagement: Im innovativen Bereich hohe Fehlertoleranz; im Tagesgeschäft gilt das Null-Fehler-Prinzip.

- Kaizen: Alle Prozesse sind ständig zu verbessern.

- Eigenverantwortung der Mitarbeiter: Alle sind für die Qualität verantwortlich.

- „Innerer Kunde": Alle internen Abläufe werden so gestaltet und abgerechnet, als handele es sich um Kundenbeziehungen, das soll für höhere Transparenz und Effizienz sorgen.

## Six Sigma

Six Sigma ist ein Begriff aus der Statistik und bezeichnet die sechsfache Standardabweichung innerhalb einer Normalverteilung. Bezogen auf die Unternehmensprozesse heißt das: Bei einer Million Vorgänge darf es maximal 3,4 Fehler geben.

Wenn man von dieser ehrgeizigen Zielsetzung absieht, scheinen die zentralen Elemente von Six Sigma direkt dem Total Quality Management entnommen: kompromisslose Kundenorientierung, Integration in die Unternehmensphilosophie, Gesamtprozessbetrachtung. Auch die Methoden und Werkzeuge sind aus dem TQM vertraut.

# Literatur

Bea, Franz Xaver/Haas, Jürgen: Strategisches Management, Stuttgart 2009

Drucker, Peter F.: Management im 21. Jahrhundert, München 2003

Hammer, Michael/Champy, James: Business Reengineering, Frankfurt 2004

Hansen, Morten T./Nohria, Nitin/Tierney, Thomas: „Wie managen Sie das Wissen in Ihrem Unternehmen?", in: Harvard Business manager 5/1999, S. 85–96

Harry, Mikel/Schroeder, Richard: Six Sigma, Frankfurt 2006

IMD International Lausanne/London Business School/The Wharton School of the University oft Pennsylvania: Das MBA-Buch. Mastering Management, Stuttgart 2001

Kaplan, Robert S./Norton, David P.: Balanced Scorecard, Stuttgart 2001

Malik, Fredmund: Führen-Leisten-Leben. Wirksames Management für eine neue Zeit, München 2006

Nöllke, Matthias: Entscheidungen treffen, Planegg 2008

Scheich, Günter: Positives Denken macht krank, Frankfurt 2002

Sprenger, Reinhard K.: Mythos Motivation. Wege aus einer Sackgasse, Frankfurt 2007

# Teil 2: BWL Grundwissen

# Vorwort

BWL – nur ein trockenes Studium für karrierebewusste Durchstarter? Nein, denn immer mehr Fachfremde *müssen* sich beruflich mit betriebswirtschaftlichen Zusammenhängen auseinander setzen. Schließlich kann es nicht nur peinlich werden, wenn man in einem Meeting mit Begriffen wie „Deckungsbeitrag", „Marketing-Mix" oder „Job Enlargement" so gar nichts anfangen kann. Auch der berufliche Erfolg hängt zunehmend von betriebswirtschaftlichen Kenntnissen und Fähigkeiten ab, ob als Abteilungsleiter, Produktmanager oder Teamleiter.

In diesem TaschenGuide erfahren Sie Grundlegendes über das Wirtschaften in Unternehmen: die wichtigsten betriebswirtschaftlichen Prinzipien, den Aufbau einer Unternehmung, die Aufgaben des Managements, Finanzen, Rechnungswesen und Controlling, Marketing und Marktforschung sowie Personalarbeit.

Zahlreiche Beispiele und Querverweise sowie ein ausführliches Stichwortverzeichnis helfen Ihnen, die Zusammenhänge zu verstehen und in die BWL einzusteigen.

*Prof. Dr. Wolfgang Mentzel*

# Der Aufbau der Unternehmung

Die Unternehmung steh im Mittelpunkt der BWL: Was passiert in einem Unternehmen, wie organisiert es sich?

In diesem Kapitel erfahren Sie,

- welche Ziele ein Unternehmen verfolgt,
- was die betriebswirtschaftlichen Prinzipien sind,
- wie die Unternehmensorganisation aussieht und
- wie Unternehmen gegründet werden.

# Betriebswirtschaftslehre, Betrieb und Unternehmung

Die Betriebswirtschaftslehre (BWL) gehört zu den Wirtschaftswissenschaften. Wie andere Wissenschaftler ordnet auch der Betriebswirt seine Disziplin zunächst einmal ein und definiert dabei genauer, was er eigentlich erforscht oder lehrt.

Wie bei der Volkswirtschaftslehre geht es in der BWL um die Wirtschaft. Während die erstere allerdings vor allem die gesamtwirtschaftlichen Zusammenhänge untersucht, befasst sich die BWL bevorzugt mit dem Geschehen innerhalb der Betriebe, den Unternehmen.

Unternehmen sind vielschichtige Institutionen, in denen neben wirtschaftlichen auch technische, rechtliche, soziologische, psychologische und andere Probleme auftreten. Hiervon sind für die Betriebswirtschaftslehre allerdings nur die wirtschaftlichen Fragestellungen von Bedeutung. Die übrigen gehören zu anderen wissenschaftlichen Disziplinen und haben aus der Sicht der BWL den Charakter von Hilfswissenschaften (z. B. Rechtswissenschaften, Arbeitswissenschaft, Psychologie).

Durch Abstraktion wird aus dem Erfahrungsobjekt Betrieb das Erkenntnisobjekt der BWL abgeleitet, nämlich die wirtschaftliche Seite des Betriebsgeschehens. Nur dieser isolierte Teilbereich bildet den eigentlichen Untersuchungsgegenstand der Betriebswirtschaftslehre.

Ein Betrieb ist eine organisierte Wirtschaftseinheit, in der Sachgüter produziert oder Dienstleistungen bereitgestellt werden. Unabhängig vom jeweils gültigen Wirtschaftssystem – Markt- oder Planwirtschaft – gelten für alle Betriebe bestimmte Merkmale. Dazu zählen

- die Kombination von Produktionsfaktoren,
- das Prinzip der Wirtschaftlichkeit und
- die Forderung nach finanziellem Gleichgewicht, d.h. die Fähigkeit des Betriebs, seinen Zahlungsverpflichtungen jederzeit nachkommen zu können.

Während „Betrieb" der allgemeine Begriff ist, bezeichnet man in der BWL Betriebe im Wirtschaftssystem der Marktwirtschaft als „Unternehmung" (nach Gutenberg). Die marktwirtschaftliche Unternehmung unterscheidet sich vom Betrieb der Planwirtschaft durch

- die Selbstbestimmung des Wirtschaftsplans aufgrund der Gegebenheiten des Marktes (Autonomieprinzip),
- das Prinzip des Privateigentums und
- die Gültigkeit des erwerbswirtschaftlichen Prinzips, das besagt, dass Unternehmungen ihre Entscheidungen unter Berücksichtigung aller Risiken auf Dauer so zu treffen haben, dass auf das investierte Kapital ein möglichst hoher Gewinn erzielt wird (Gewinnmaximierung).

Der vorliegende TaschenGuide befasst sich ausschließlich mit dem Wirtschaften in Unternehmungen, wobei die Begriffe „Betrieb" und „Unternehmung" im selben Sinn verwendet werden.

# Welche Ziele verfolgt ein Unternehmen?

Alle Betriebe erfüllen die Funktion, die Bedürfnisse Dritter zu decken. Diese Aufgabe erwächst den Betrieben aus ihrer Stellung in der arbeitsteiligen Wirtschaft; sie wird als Betriebszweck bezeichnet.

Vom Betriebszweck müssen die Betriebsziele (Unternehmensziele) unterschieden werden. Denn die Betriebe werden in der Regel nicht tätig, um ihre gesamtwirtschaftliche Aufgabe zu erfüllen. Die Leistungserstellung ist lediglich ein Mittel, um damit andere betriebliche Ziele zu realisieren.

### Ein Unternehmen will Gewinn erwirtschaften

Für Unternehmen in einer marktwirtschaftlichen Wirtschaftsordnung steht sicherlich das Gewinnstreben an erster Stelle. Weitere monetäre Zielsetzungen sind

- das Umsatzstreben,
- eine Erhöhung der Rentabilität oder
- Liquiditätsverbesserungen.

Aber es geht den Unternehmen nicht immer (ausschließlich) ums Geld: Streben nach sozialem Ansehen, nach einem bestimmten Image, nach Macht, Größe oder Unabhängigkeit können die unternehmerische Verhaltensweise genauso bestimmen wie soziale Prinzipien, z.B. die Sorge um das Wohlergehen der Belegschaft oder der Aufbau sozialer Einrichtungen. Ressourcen zu schonen oder die Umweltbedingungen zu verbessern können ebenso Ziele sein, die in Unternehmen verfolgt werden.

## Welche Typen von Betrieben gibt es?

Es macht einen großen Unterschied, welche Art von Leistung das Unternehmen erstellt. So unterscheidet man

- Sachleistungsbetriebe: z.B. Land- und Forstwirtschaft, Investitions- oder Verbrauchsgüterindustrie, und

- Dienstleistungsbetriebe: z.B. Handelsbetriebe, Fremdenverkehrsbetriebe.

Eng mit der Einteilung nach der Art der erstellten Leistungen hängt auch die Einteilung nach Wirtschaftszweigen (Branchen) zusammen. Danach kann unterteilt werden in Betriebe

- der Industrie und des Handwerks,

- des Handels,

- der Banken,

- der Versicherungen,

- des Verkehrs

- und sonstige Dienstleistungsbetriebe.

Fragt man nach dem „Wie" der Leistungserstellung, lässt sich in arbeitsintensive, anlageintensive und materialintensive Betriebe unterscheiden. Nach der Abhängigkeit vom Standort werden schließlich rohstoff-, energie-, arbeitskräfte- und absatzorientierte Betriebe unterschieden. Schließlich wird auch die gewählte Rechtsform der Betriebe als Einteilungskriterium herangezogen.

# Verschiedene Prozesse, verschiedene Aufgabenbereiche

Innerhalb eines Betriebs laufen verschiedene Prozesse nebeneinander: der Güter-, Produktions-, Geld- und Informationsprozess. Güter und Dienste, die auf dem Beschaffungsmarkt bezogen wurden, werden im Produktionsprozess zu marktfähigen Leistungen (Waren oder Dienstleistungen) umgewandelt und an den Absatzmarkt weitergegeben. Dem Güterstrom läuft ein Geldstrom entgegen. Für die am Absatzmarkt verkauften Leistungen kommen Geldmittel herein, die zum Kauf von Gütern des Beschaffungsmarkts wieder abfließen.

All diese Aufgaben lassen sich nur erfolgreich bewältigen, wenn ausreichende Informationen über den Markt, das Verbraucherverhalten, über die finanziellen Möglichkeiten des Unternehmens etc. vorliegen. Die Informationen von außen sammelt die volkswirtschaftliche oder Marktforschungsabteilung; für die interne Informationsgewinnung ist vor allem das Rechnungswesen zuständig.

Der Gesamtprozess der betrieblichen Tätigkeit besteht demnach aus ganz unterschiedlichen Aufgabenbereichen oder Funktionen. In der BWL unterscheidet man

- Unternehmensführung,
- Beschaffung,
- Lagerhaltung,
- Produktion,

- Transportwesen,
- Rechnungswesen,
- Finanzierung,
- Personalwesen und
- Absatz.

Vielfach werden Beschaffung, Produktion und Absatz, gelegentlich auch noch die Finanzierung als Grundfunktionen (Elementarfunktionen) bezeichnet, denen die übrigen Funktionen zugeordnet sind.

# Die betrieblichen Produktionsfaktoren

Produzieren heißt, Arbeitsleistungen, natürliche Hilfsmittel und Güter so einzusetzen, dass neue oder veränderte Güter oder Dienstleistungen entstehen. Der technische Vorgang wird Produktionsprozess genannt.

**Beispiel**

 Die Tätigkeit des Zeitungsverkäufers an der Straßenecke ist im ökonomischen Sinne ebenso Produktion wie das Geschehen in einem großen Stahlwerk.

Dazu benötigt man Arbeitsleistungen, also Menschen, und bestimmte Hilfsmittel. Beides nennt man in der Betriebswirtschaftslehre Produktionsfaktoren oder Leistungsfaktoren. Was am Ende entsteht, Güter oder Dienstleistungen, wird

Produktionsergebnis genannt. Nach Erich Gutenberg werden die folgenden Produktionsfaktoren unterschieden:

- ausführende Arbeit,
- Betriebsmittel: Maschinen, Werkzeuge, Gebäude, Grundstücke,
- Werkstoffe: Roh-, Halbstoffe, verwendete Fertigteile,
- der dispositive Faktor (siehe Kapitel „Unternehmensführung").

Der dispositive Faktor fügt die drei anderen Faktoren, die als Elementarfaktoren bezeichnet werden, zusammen.

# Betriebswirtschaftliche Prinzipien

Für jedes Unternehmen gelten Prinzipien, deren Verletzung seinen dauerhaften Bestand gefährden würde.

## Unternehmen sollen ökonomisch ...

In der BWL geht man davon aus, dass die Menschen praktisch unbegrenzte Bedürfnisse haben, die Güter allerdings knapp sind. Daraus ergibt sich ein Grundprinzip wirtschaftlichen Handelns, das ökonomische oder Wirtschaftlichkeitsprinzip. Es besagt, dass entweder mit einem gegebenen Aufwand an Produktionsmitteln der größtmögliche Güterertrag zu erzielen (Maximumsprinzip) oder ein bestimmter Güterertrag mit einem möglichst geringen Einsatz zu erreichen sei (Sparprinzip).

> Das ökonomische Prinzip ist ein formales Prinzip, das unabhängig vom jeweils praktizierten Wirtschaftssystem Gültigkeit hat.

# ... und produktiv wirtschaften

Ein Unternehmen muss auch mengenmäßig ergiebig arbeiten, so ein weiteres Prinzip. Ob es das tut, darüber gibt die Produktivität Auskunft. Diese Größe errechnet sich aus dem Verhältnis zwischen der produzierten Gütermenge (Output) und der eingesetzten Menge an Produktionsfaktoren (Input).

$$\text{Produktivität} = \frac{\text{Ausbringungsmenge}}{\text{Einsatzmenge}}$$

Doch weil hier sehr unterschiedliche Faktoren zu berücksichtigen sind (Arbeitskräfte, Rohstoffverbrauch, Maschinenkapazitäten etc.), ist die Ermittlung der Gesamtproduktivität vielfach kaum möglich. Man begnügt sich deshalb häufig mit der Berechnung von Teilproduktivitäten, d. h. Produktivitäten einzelner Produktionsfaktoren. Wie man sich leicht vorstellen kann, ist insbesondere die Arbeitsproduktivität von Bedeutung.

**Beispiel**

So lässt sich etwa die Produktivität je Arbeitskraft oder je Arbeitsstunde untersuchen.

Man unterscheidet zwischen der Durchschnittsproduktivität (z. B. die gesamte produzierte Gütermenge im Verhältnis zur Anzahl der geleisteten Arbeitsstunden) und der Grenzproduktivität (die mit der letzten geleisteten Arbeitsstunde produzierte Gütermenge).

# Rentabel wirtschaften

In der Regel will jeder, der in ein Unternehmen Geld investiert, ob Eigentümer oder Gesellschafter, dass sich sein Einsatz auch lohnt. Sein Blick gilt daher vornehmlich der Rendite oder Rentabilität, der Verzinsung seines Kapitals. Dazu sieht er sich die Rentabilitätszahlen an. Das sind so genannte Kennzahlen, die das Verhältnis des Erfolgs (= Gewinn) zum Mitteleinsatz ausdrücken, und zwar immer bezogen auf einen bestimmten Zeitabschnitt (Periode), etwa auf das Geschäftsjahr oder das Quartal. Dabei kann je nach Interesse auf verschiedene Größen zurückgegriffen werden.

So gibt etwa die Eigenkapitalrentabilität Auskunft über die Verzinsung des eingebrachten Eigenkapitals:

$$\text{Eigenkapitalrentabilität} = \frac{\text{Gewinn} \times 100}{\text{Eigenkapital}}$$

Doch ein Unternehmen wirtschaftet auch mit fremdem Kapital wie Bankkrediten. Um die Rentabilität des Gesamtkapitals zu errechnen, müssen neben dem Gewinn auch die im Periodenaufwand enthaltenen Fremdkapitalzinsen berücksichtigt werden:

$$\text{Gesamtkapitalrentabilität} = \frac{\left(\text{Gewinn} + \text{Fremdkapitalzinsen}\right) \times 100}{\text{Gesamtkapital}}$$

Die Umsatzrentabilität schließlich ergibt sich, wenn der Gewinn auf den Umsatz bezogen wird:

$$\text{Umsatzrentabilität} = \frac{\text{Gewinn} \times 100}{\text{Umsatz}}$$

# Wie sich Unternehmen organisieren

Im Unternehmen müssen Menschen mit ganz unterschiedlichen Fähigkeiten zusammenwirken, um – mit den gegebenen Mitteln – die Betriebsziele zu erreichen. Ohne sinnvolle Ordnung und Regeln lässt sich dies kaum bewerkstelligen. Die Entwicklung dieser Ordnung und das sich dabei ergebende System geltender Regelungen bezeichnet der Betriebswirt als Organisation. In der Praxis stellt man die Struktur der Organisation z. B. in einem Organigramm dar.

Hinsichtlich der Aufgabenschwerpunkte der Organisation wird in Aufbauorganisation und Ablauforganisation unterschieden.

- In der Aufbauorganisation werden die Aufgaben des Betriebs auf die verschiedenen Stellen, Instanzen und Abteilungen aufgeteilt und die Zusammenarbeit und Zuständigkeit dieser Institutionen geregelt.

- Durch die Ablauforganisation werden die einzelnen Arbeitsabläufe und Arbeitsprozesse bei der Aufgabenerfüllung gestaltet.

## Was die Aufbauorganisation festlegt

Zur Aufbauorganisation gelangt man über zwei Fragen:

1 In welche Teilaufgaben/Funktionen lässt sich die Gesamtaufgabe des Betriebs zerlegen (Aufgabenanalyse)?

2 Wie kann man diese Teilaufgaben zu Stellen zusammenfügen (Aufgabensynthese)?

## Mit den Stellen werden Kompetenzen abgesteckt

Stellen sind eigenständige organisatorische Einheiten, in denen nicht nur alle zum Arbeitsbereich einer Person gehörenden Aufgaben zusammengefasst, sondern vor allem auch deren Kompetenzen festgelegt sind.

Unter Kompetenz versteht man die dem Stelleninhaber ausdrücklich zugeteilten Rechte und Befugnisse, die in den zu übernehmenden Pflichten (Verantwortung) ihr Gegenstück haben. Aufgaben, Kompetenz und Verantwortung einer Stelle müssen einander entsprechen. Zu geringe Kompetenzen im Vergleich zu den übertragenen Aufgaben etwa würden die Aufgabenerfüllung gefährden.

> Durch Delegation können Aufgaben, Kompetenzen und Verantwortung teilweise auf rangniedere Stellen übertragen werden.

Der Aufgabenbereich des Stelleninhabers und seine Kompetenzen gegenüber anderen Stellen werden durch die Stellenbeschreibung abgegrenzt. Der Aufgabenkomplex ist dabei auf die Normalleistung einer fiktiven, unbenannten Person abgestimmt.

## Haben leitende Funktion: Instanzen

Die unterschiedliche Ausstattung der Stellen mit oder ohne Leitungsbefugnis führt zur Bildung von Instanzen. Eine Instanz ist eine Stelle, die mit Entscheidungs- oder Anordnungsbefugnis gegenüber rangniedrigeren Stellen ausgestattet ist. Je nachdem, ob die der Instanz zustehenden Leitungsbefugnisse von einer oder mehreren Personen ausgeübt werden, spricht man von Singular- oder Pluralinstanz.

Ein Beispiel für eine Pluralinstanz ist der Vorstand einer Kapitalgesellschaft.

Die Zusammenfassung einer Instanz und der ihr untergeordneten Stellen bezeichnet man als Abteilung.

## Hierarchie – aber wie?

Naturgemäß besteht zwischen den verschiedenen Stellen hinsichtlich der Ausstattung mit Weisungsbefugnissen eine Rangordnung. Zur Regelung dieser in der Fachsprache „Leitungssystem" genannten Hierarchie hat die Praxis im Laufe der Zeit unterschiedliche Prinzipien entwickelt.

- **Liniensystem** (Einliniensystem): Sämtliche Anordnungen müssen von der Leitung unmittelbar an die jeweils nachgeordnete Stelle gehen, die sie wiederum an die ihr nachgeordneten Stellen weiterleitet, bis schließlich die empfangende Stelle erreicht wird. Daraus ergibt sich der berühmte Dienstweg, ein eindeutiger Weg der Aufgabenerteilung. Der Schwerfälligkeit des Systems stehen als Vorteile der straffe Aufbau der Organisation und die klare, eindeutige Festlegung der Anordnungsrechte gegenüber.

- **Funktionssystem:** Hier erhält jeder Untergebene Weisungen von mehreren Vorgesetzten (Funktionsmeistern), die jeweils für einen abgegrenzten Bereich zuständig sind. Damit wird der Grundsatz der Einheitlichkeit der Auftragserteilung zugunsten einer größeren Beweglichkeit geopfert. Informationsaustausch auf gleicher Ebene ist möglich und erwünscht. Für die leitenden Stellen besteht aber die Gefahr der mangelhaften Information.

- **Stabliniensystem:** Den reinen Linienstellen werden beratende Stellen (Stabsstellen) beigeordnet. Die Stabsstellen übernehmen bestimmte Aufgaben, haben aber keine Weisungsbefugnis, sondern dienen ausschließlich der fachlichen Beratung der leitenden Linienstellen. Dadurch können wie beim Funktionsmeistersystem Spezialisten eingesetzt werden, ohne dass das Prinzip der Einheitlichkeit der Auftragserteilung aufgegeben werden muss.

> Bei allen drei genannten Organisationsprinzipien dominiert die funktionale Organisationsstruktur.

- **Divisionale oder Spartenorganisation:** Richtet sich nach dem Objektprinzip. Dabei werden auf Produkte, Produktprozesse oder räumliche Gegebenheiten ausgerichtete Divisionen (Sparten) gebildet, in denen unter verantwortlicher Leitung die verschiedenen Funktionen zusammengefasst sind. Allerdings wird das reine Objektprinzip häufig durch die Bildung zentraler Spezialabteilungen (z.B. Personalabteilung), die sowohl der Gesamtleitung als auch der Divisionsleitung dienen, durchbrochen. Soweit es möglich ist, den Beitrag der einzelnen Divisionen zum Gesamtergebnis zu ermitteln, wird auch die Gewinnverantwortung auf den Divisionsleiter übertragen – dann spricht man vom Profit Center. Vorteile: Weil sich die Verantwortungsbereiche der einzelnen Divisionsleiter besser abgrenzen lassen, kann deren Verantwortungsbewusstsein in der Regel gestärkt werden. Bei Großbetrieben kann die Spartenorganisation zu mehr Flexibilität führen.

- **Matrixorganisation:** Hier kommt es zu einer Kombination funktions- und objektbezogener Organisationsstrukturen. Diese werden einander in Form einer Matrix gegenübergestellt. Kompetenzüberschneidungen werden bewusst angestrebt, um durch diese Doppelverantwortung die Nachteile der rein funktionalen Gliederung auszugleichen.

## Information ist alles

Ohne Kommunikation kann keine Organisation überleben. Je größer das Unternehmen und je komplexer die Strukturen, umso wichtiger der reibungslose Informationsfluss. Neben dem Leitungssystem wird daher auch ein Kommunikationssystem festgelegt. Es regelt die Kommunikationswege (wer muss wen informieren?), Form, Technik (z.B. Intranet) sowie Anlass und Zeitpunkt des Informationsaustausches.

**Beispiel**

 Eine gängige Informationsroutine: Alle Abteilungsleiter oder andere Kostenverantwortliche schicken bzw. präsentieren der Geschäftsleitung monatlich einen Bericht (Report), der Erfolgszahlen (Umsatz-, Absatzentwicklung), Stand der Projekte, Planungen, News etc. enthält.

# Mit der Ablauforganisation den Arbeitsprozess gestalten

Die Ablauforganisation regelt Abfolge und Form der Arbeitsprozesse. Als Methoden stehen die Arbeitsanalyse und Arbeitssynthese zur Verfügung.

- Die Arbeitsanalyse vermittelt einen Überblick über die Gesamtheit aller anfallenden und auf Arbeitsträger zu verteilenden analytischen Arbeitsteile beliebiger Ordnung.

- Durch die Arbeitssynthese werden die Arbeitsteile zu einem von einer Person an einem bestimmten Objekt, in einem bestimmten Zeitraum und an einem bestimmten Ort zu erfüllenden Aufgabengesamt kombiniert.

# Wie die Unternehmensorganisation dokumentiert wird

Damit Aufgaben und Kompetenzen auch kommunizierbar werden, wird all dies dokumentiert. Dazu bedient man sich graphischer oder schriftlicher Hilfsmittel.

### Grafische Darstellungsformen

Ein Organisationsplan, auch: Organigramm, erfasst alle Leitungsstellen einer Unternehmung in ihrer Über- und Unterordnung mit Bezeichnung ihrer Aufgaben. Jede Stelle wird durch ein bestimmtes Symbol gekennzeichnet, das auch den Namen des Stelleninhabers und sonstige Daten aufnehmen kann.

Im Funktionsdiagramm werden den organisatorischen Einheiten Aufgaben und Entscheidungsbefugnisse zugeordnet. In der Horizontalen werden die einzelnen Teilfunktionen und in der Vertikalen die jeweiligen Stellen ausgewiesen. Am Schnittpunkt von Spalten und Zeilen wird mit Symbolen die Art der zu bewältigenden Aufgaben gekennzeichnet.

Arbeitsablaufdiagrammen bilden die Prozess-Strukturen ab, indem sie Reihenfolge und Zusammenhänge einzelner Arbeitsschritte/Aufgaben in den verschiedenen Bereichen aufzeigen (z.B. Maschinenbelegungspläne, Datenflusspläne).

## Was enthalten Stellenbeschreibungen?

Stellenbeschreibungen enthalten eine verbindliche Zusammenfassung aller wesentlichen Merkmale einer Stelle. Die folgenden Informationen sollten mindestens enthalten sein:

- Stellenbezeichnung/Stellennummer,
- Einordnung der Stelle in die Unternehmensorganisation,
- Regelung der Stellvertretung,
- Zielsetzung der Stelle,
- Aufgaben, Kompetenzen und Pflichten des Stelleninhabers im Einzelnen,
- sachlich-organisatorische Angaben (z.B. Verteiler, nächste Überprüfung).

## Was nicht auf dem Papier steht ...

Aufbau- und Ablauforganisation bilden die formelle Organisation der Unternehmung, mit der Beziehungen im Unternehmen bewusst gestaltet werden. Was davon zu Papier kommt, ist eine erwünschte Annäherung an die Wirklichkeit. Daneben entwickelt sich die auf menschliche Eigenheiten, Interessen, Zu- und Abneigungen, sozialen Status und andere Kriterien zurückgehende informelle Organisation. Dieses

Beziehungsgeflecht kann die Zielsetzungen der formellen Organisation fördernd oder hemmend beeinflussen.

**Beispiel**

Seit kurzem ist der junge Herr Hartmann, ein Hochschulabsolvent, Abteilungsleiter. Gemäß seiner Funktion ist er weisungsbefugt. Tatsächlich wenden sich seine Mitarbeiter bei Problemfällen jedoch an Herrn Walter, seinen 57-jährigen Stellvertreter, der schon lange im Unternehmen ist, und richten sich nach dessen Auskünften.

# Das Unternehmen gründen – konstitutive Entscheidungen

Mit der Gründung eines Unternehmens sind mehrere Entscheidungen von grundlegender Bedeutung zu treffen, durch die die Rahmenbedingungen für den weiteren Geschäftsbetrieb geschaffen werden. Dazu gehört die Wahl der Rechtsform sowie des Standorts. Außerdem muss entschieden werden, ob ein Unternehmen selbstständig bleibt oder sich mit anderen Unternehmen enger zusammenschließen soll.

## Welche Rechtsformen sind möglich?

Die Rechtsformen stellen den rechtlichen Rahmen der privaten Unternehmungen und öffentlichen Betriebe dar. Den Eigentümern privater Unternehmungen steht es grundsätzlich frei, für welche Rechtsform sie sich entscheiden wollen. Lediglich für einige Arten der wirtschaftlichen Betätigung

(z. B. Hypothekenbanken) und in bestimmten Wirtschaftszweigen (z. B. Bergbau) ist die Wahlfreiheit eingeschränkt.

Als Rechtsformen kommen in Frage:

- **Einzelunternehmung:** Träger der Einzelunternehmung ist eine einzige natürliche Person. Kapital und Leitung sind in einer Hand vereinigt. Wichtig: Der Unternehmer haftet mit seinem Privatvermögen in vollem Umfang für die Verbindlichkeiten der Unternehmung.

- **Personengesellschaften:** Träger der Personengesellschaften sind mehrere Personen, die entweder unbeschränkt – z. B. Offene Handelsgesellschaft (OHG) – oder teilweise beschränkt – z. B. bei der Kommanditgesellschaft (KG) – haften. Weitere Personengesellschaften sind die Stille Gesellschaft und die Gesellschaft des bürgerlichen Rechts. Typisch: Die voll haftenden Gesellschafter leiten das Unternehmen als Geschäftsführer.

- **Kapitalgesellschaften:** Kapitaleigentum und Unternehmensführung liegen grundsätzlich in verschiedenen Händen. Die Haftung der Gesellschafter ist in der Regel auf die Kapitaleinlage beschränkt. Die Unternehmungsführung wird meist von angestellten Geschäftsführern wahrgenommen; der Einfluss der Gesellschafter auf die Geschäftsführung ist oft auf das Stimmrecht in den Gesellschafterversammlungen begrenzt. Träger der Kapitalgesellschaft können natürliche und/oder juristische Personen sein. Formen sind die Aktiengesellschaft (AG) oder die Kommanditgesellschaft auf Aktien (KGaA). Auch die GmbH (Gesellschaft mit beschränkter Haftung) ist eine Kapitalgesellschaft. Hier sind die Gesellschafter mit Stammeinlagen am

Gesellschaftskapital (Stammkapital) beteiligt, ohne persönlich für die Verbindlichkeiten der Gesellschaft zu haften. Geschäftsführer sind meist mehrere Gesellschafter; oberstes Organ ist die Gesellschafterversammlung.

- **Genossenschaften** (eingetragene Genossenschaft mit beschränkter Haftpflicht/mit unbeschränkter Haftpflicht): Hier kommen ebenfalls natürliche und/oder juristische Personen als Träger in Frage. Im Gegensatz zu den bisher besprochenen Rechtsformen steht in der Regel nicht die Gewinnerzielung im Vordergrund, sondern die Selbsthilfe der Genossen durch gegenseitige Förderung.

- **Weitere Formen:** Neben der Bergrechtlichen Gesellschaft existieren Sonderformen wie Reederei, Bohrgesellschaft.

Mit der Wahl der Rechtsform treffen privaten Unternehmer wichtige Vorentscheidungen, etwa was die Mitwirkung im Unternehmen, die Haftung, die Finanzierung und die steuerlich-rechtliche Behandlung betrifft.

Kapitalgesellschaften haben gegenüber Einzelunternehmungen und Personengesellschaften den Vorteil, sich am Kapitalmarkt leichter Geld beschaffen zu können. Vorteil der Einzelunternehmungen und Personengesellschaften: Die Eigentümer können in ihrem Unternehmen mitarbeiten oder die Geschäftsführung übernehmen.

## Öffentliche Wirtschaftsbetriebe

Die öffentlichen Wirtschaftsbetriebe sind entweder ein Teil der öffentlichen Verwaltung (Regiebetriebe) oder organisatorisch verselbstständigt. Dabei unterscheidet man zwischen Betrieben ohne und solchen mit eigener Rechtspersönlichkeit. Die Rechtsform kann privatrechtlicher (AG, GmbH) oder öffentlich-rechtlicher Natur (Stiftung, Anstalt, Körperschaft) sein.

# Standortentscheidung

Eine wichtige Entscheidung bei Gründung, Expansion oder Verlegung eines Unternehmens ist die Wahl des Standorts, des geografischen Orts, an dem sich ein Betrieb befindet. Die wichtigsten Kriterien, an denen man sich dabei orientiert, sind:

- Absatz
- Beschaffung und Produktion
- Infrastruktur und Umwelt
- öffentliche Abgaben und sonstige Kosten.

Bei der internationalen Standortwahl können wirtschaftliche (z. B. niedrige Löhne), steuerliche und ökologische Gegebenheiten (z. B. geringere Auflagen) maßgebend sein.

# Wenn sich Unternehmen zusammenschließen

Als Unternehmenszusammenschluss bezeichnet man die freiwillige Vereinigung mehrerer Unternehmen zu größeren Wirtschaftseinheiten. Der Zusammenschluss erfolgt entweder durch vertragliche Vereinbarung oder durch eine kapital-mäßige Verflechtung (Beteiligung). Entscheidend dabei ist, wie sehr die Entscheidungsfreiheit der beteiligen Unternehmen davon betroffen ist.

## Kooperation und Konzentration?

Bei der Kooperation bleiben die rechtliche Selbstständigkeit und die wirtschaftliche Entscheidungsfreiheit grundsätzlich erhalten. Die Entscheidungsfreiheit wird lediglich insoweit eingeschränkt, als bestimmte Aufgaben ausgegliedert und/oder gemeinsam durchgeführt werden.

Bei der Konzentration kommt es dagegen zu einer Unterordnung der zusammengeschlossenen Unternehmungen unter eine einheitliche Leitung. Die wirtschaftliche Selbstständigkeit wird damit erheblich eingeschränkt oder völlig aufgehoben. Die rechtliche Selbstständigkeit bleibt auch hier, zumindest nach außen hin, erhalten. Wenn auch noch die rechtliche Selbstständigkeit aufgegeben wird, kommt es zur Fusion (Verschmelzung), d. h. als Folge des Zusammenschlusses existiert nur noch eine rechtliche Einheit.

> Mit einem Unternehmenszusammenschluss möchte man vor allem ein besseres wirtschaftliches Ergebnis, sprich einen höheren Gewinn erzielen. Ansatzpunkte dafür bieten sich in allen betrieblichen Bereichen vom Einkauf bis zum Marketing.

Eine zweite Zielsetzung ist mehr wirtschaftliche Macht, also eine stärkere Stellung am Markt zu erreichen. Dadurch soll entweder der Wettbewerb eingeschränkt oder beseitigt werden oder ein Gegengewicht zur starken Position der anderen Marktseite aufgebaut werden.

## Die wichtigsten Formen von Zusammenschlüssen

- **Kartell:** Unternehmen der gleichen Wirtschaftsstufe schließen sich zusammen. Ziel: Beherrschung des Markts, Beschränkung des Wettbewerbs. Nach dem Gesetz gegen Wettbewerbsbeschränkungen (GWB) sind Kartelle, die geeignet sind, die Marktverhältnisse spürbar zu beeinflussen, grundsätzlich verboten.

- **Syndikate:** Straff organisiert mit rechtlich selbstständiger Zentrale; übernehmen die gesamte Absatzfunktion ihrer Mitglieder und kontrollieren sie über Quoten und Preise.

- **Konsortien:** Zeitlich begrenzter Zusammenschluss für eine bestimmte Aufgabenstellung; Beispiel: Bankenkonsortium, das zur Ausgabe von Aktien gegründet und nach Erfüllung dieser Aufgabe wieder aufgelöst wird.

- **Interessengemeinschaft** (IG): Zusammenschluss von Unternehmen zur gemeinsamen Durchführung von bisher getrennt wahrgenommenen Funktionen, z.B. Forschung und Entwicklung.

- **Konzern:** Zusammenschluss rechtlich selbstständiger Unternehmen unter einheitlicher Leitung mit völligem Verzicht auf unternehmerische Entscheidungsfreiheit.

## Welche Rolle Unternehmensverbände spielen

Eine besondere Gruppe von Unternehmenszusammenschlüssen bilden die Unternehmensverbände.

- **Wirtschaftsfachverbände** sind Vereinigungen von Unternehmungen der gleichen Branche, die die gemeinsamen wirtschaftlichen Interessen ihrer Mitglieder fördern und gegenüber der Öffentlichkeit, den Organen des Gesetzgebers, der Regierung und der Verwaltung, gegenüber Arbeitnehmerverbänden und anderen Wirtschaftsfachverbänden vertreten.

> Die Interessen der deutschen Industrie werden vom Bundesverband der Deutschen Industrie (BDI) wahrgenommen. Die Fachverbände des Einzelhandels sind in der Hauptgemeinschaft des Deutschen Einzelhandels zusammengeschlossen.

- **Arbeitgeberverbände** nehmen die wirtschaftlichen und sozialen Interessen ihrer Mitglieder gegenüber den Gewerkschaften, aber auch gegenüber dem Staat und der Öffentlichkeit wahr. Der Spitzenverband ist der Bundesverband der Deutschen Arbeitgeberverbände.

- **Kammern** wie die Industrie- und Handelskammern vertreten die Interessen der gewerblichen Wirtschaft. Sie sind Körperschaften des öffentlichen Rechts mit Zwangsmitgliedschaft. Zu den Aufgaben der Industrie- und Handelskammern zählen u. a. die Förderung der gewerblichen Wirtschaft sowie die Anlage von Einrichtungen, die Beratung und Auskunftserteilung und die Mitwirkung bei der Berufsausbildung. Spitzenorganisation ist der Deutsche Industrie- und Handelskammertag (DIHK). Die Belange des Handwerks werden von den Handwerkskammern wahrgenommen.

# Unternehmensführung (Management)

Management ist ein weites Aufgabenfeld – muss man doch als Führungskraft eine Reihe wichtiger Entscheidungen treffen, für deren Umsetzung eine gute Mitarbeiterführung entscheidend ist.

Im folgenden Kapitel erfahren Sie,

- welche aufgabenbezogenen Kompetenzen eine Führungskraft braucht ,

- welche mitarbeiterbezogenen Kompetenzen eine Führungskraft braucht und

- wie eine Unternehmenskultur entsteht und welche Wirkung sie hat.

# Management und Führen

Wenn Sie unter dem Begriff „Management" viel verstehen, ist dies nicht verwunderlich, denn er bezeichnet:

- die Gruppe von Personen im Unternehmen (Institution), die mit Führungsaufgaben betraut sind (Führungskräfte oder Manager),

- deren Aufgabenbereich/Funktion

- und schließlich die wissenschaftliche Teildisziplin innerhalb der BWL, in der es um Inhalte, Methoden und Techniken der Unternehmensführung geht.

Zum Management zählen alle Personen im Unternehmen, die mit Weisungsbefugnissen ausgestattet sind, gleichgültig, ob sie der obersten *(top management)*, mittleren *(middle management)* oder unteren *(lower management)* Führungsebene angehören. Dieser Führungskräftegruppe stehen die übrigen Mitarbeiter als ausführende Kräfte gegenüber.

## Zwei recht unterschiedliche Aufgaben

Eine Führungskraft hat zwei ganz unterschiedliche Hauptaufgabenfelder:

- **Die sachbezogene Führung**: Sie ergibt sich direkt aus der Betriebsaufgabe; dabei geht es um die Zielsetzung, Planung und Durchsetzung von Entscheidungen, die Arbeitsteilung, die Koordination der einzelnen Tätigkeitsbereiche, die Zusammenarbeit mit anderen Betriebsbereichen oder die Kontrolle der erzielten Arbeitsergebnisse.

- **Personal- oder Mitarbeiterführung**: Resultiert aus der Tatsache, dass die Erfüllung von Sachaufgaben nur unter Beteiligung der Mitarbeiter vollzogen werden kann und umfasst alle Aufgaben im Umgang mit den Mitarbeitern.

> In der Realität sind inhaltliche und personelle Führungsaufgaben natürlich eng miteinander verzahnt.

# Die sachbezogenen Aufgaben einer Führungskraft

Worin bestehen nun die sachlichen Führungsaufgaben des Managements? In der Literatur werden sie unterschiedlich gegliedert und abgegrenzt. Eine häufig anzutreffende Einteilung orientiert sich am Ablauf des Führungsprozesses und unterscheidet nach Zielsetzung, Planung, Entscheidung, Realisation und Kontrolle. Betrachten wir diese Aufgaben genauer.

## Ziele setzen

Ziele sind Aussagen mit normativem Charakter, durch die ein erwünschter künftiger Zustand umschrieben wird. Die Zielsetzung der einzelnen Führungskraft wird bestimmt durch das Gesamtziel der Unternehmung sowie einer Reihe von Teilzielen anderer Bereiche, die im Hinblick auf das Gesamtziel koordiniert werden müssen.

Monetäre Ziele lassen sich in Geldgrößen erfassen (z.B. Umsatz, Gewinn, Rentabilität). Nicht-monetäre Ziele sind nicht oder nur indirekt in Geld messbar (z.B. soziale Ziele oder Macht- und Prestigeziele).

Ein guter Manager formuliert seine Ziele „operational", was bedeutet, dass der Grad der Zielerreichung gemessen und mit dem geplanten Zielausmaß verglichen werden kann. Durch klare Aussagen zu

- Zielinhalt
- Zielausmaß und
- Zieltermin

wird dies sichergestellt.

**Beispiel**

| | |
|---|---|
| **Zielinhalt:** | „Gewinnsteigerung … " |
| **Zielausmaß:** | „… um 4 % …" |
| **Zieltermin:** | „… im folgenden Jahr." |

# Planen und entscheiden

Die Kernfunktion des Managementprozesses und damit eine sehr wichtige Aufgabe der Führungskräfte ist die Planung. Die Planung kann als Entwurf einer systematischen Ordnung definiert werden, nach der sich das künftige Geschehen vollziehen soll. Dadurch werden zukünftige Ereignisse bzw. Daten in das weitere Geschehen einbezogen.

Durch die Planung treten an Stelle von Improvisation und Intuition rationale, systematische Überlegungen, wodurch die Unsicherheiten der Zukunft eingeschränkt werden.

Die Planung baut auf der Prognose auf und lässt sich nach Organisationsbereichen und nach zeitlichen Vorgaben unterteilen. Voraussetzung der Planung ist die Erarbeitung eines Zielsystems innerhalb der Organisation.

> Ziel der Planung ist der Schutz vor unerwünschten Entwicklungen und die Möglichkeit auf Veränderungen reagieren zu können. Doch bleibt in der Praxis selbst bei der besten Planung ein Rest Unsicherheit bestehen, sei es, weil für die Entscheidung zu wenig Informationen vorliegen oder zu wenig Zeit ist, sei es, weil sich Unvorhergesehenes eben nicht hundertprozentig einplanen lässt.

Innerhalb der Planung kann in der Regel unter mehreren Alternativen ausgewählt werden, um die gesetzten Ziele zu erreichen. Der Planungsprozess enthält also Entscheidungen über die jeweils beste Möglichkeit.

**Beispiel**

Eine typische Planungssituation im Unternehmen liegt vor, wenn der Zielumsatz für das nächste Jahr erarbeitet wird (siehe vorhergehendes Beispiel). Hier werden die Überlegungen zur Produkt- oder Sortimentspolrtik, zur Wettbewerbssituation, die Ressourcensituation im Unternehmen (Maschinen, Personal, Kapital) und die strategischen Ziele des Unternehmens zugrunde gelegt, um den Zielumsatz zu bestimmen.

# Umsetzung und Kontrolle

Die drei Funktionen Zielsetzung, Planung und Entscheidung hängen eng miteinander zusammen und werden deshalb als Planungs- und Entscheidungsprozess zusammengefasst. In der nächsten Stufe, der Realisation, werden die Ziele verwirklicht. Dabei meint Realisation nicht die eigentliche Durchführung, sondern lediglich das Einwirken auf die Sachaufgaben durch die Organisation der Mitarbeiter und die Verteilung von Aufgaben und Kompetenzen.

Den Abschluss des gesamten Führungsprozesses bildet die Kontrolle. Durch einen Vergleich der Planwerte mit den Ist-Werten wird geprüft, ob bei der Durchführung der Pläne die vorgegebenen Zielsetzungen erreicht wurden (Soll-Ist-Vergleich).

**Beispiel**

In einer Spielzeugfirma sollte durch eine Sortimentsausweitung eine Umsatzsteigerung von 10 % (Soll) im neuen Geschäftsjahr erreicht werden, um den Gewinn zu steigern. Am Ende des Geschäftsjahrs lag die tatsächliche Umsatzsteigerung jedoch nur bei 6 % (Ist).

Nun ist es Aufgabe des Management eventuelle Abweichungen zu untersuchen, was wiederum Rückwirkungen auf die Planung hat (Rückkoppelung), die sich in Änderungen oder Neubestimmungen der Zielsetzungen niederschlagen. Art und Intensität der Kontrolle hängen weitgehend vom praktizierten Führungsstil und Managementprinzip ab.

# Die personellen Führungsaufgaben des Managements

Personalführung (Mitarbeiterführung) ist der zweite wichtige Aufgabenbereich des Managements. Denn im Management geht es eigentlich immer um das, was andere tun (sollen): Führungskräfte stellen Mitarbeiter ein, fördern sie und fordern ihnen Leistungen ab, motivieren sie, geben ihnen Ziele vor, kontrollieren und bewerten ihre Ergebnisse. Hinzu kommt die Team- bzw. Projektführung. Umso wichtiger, dass die Führungsarbeit sinnvoll ausgestaltet wird.

Zum Instrumentarium der Mitarbeiterführung zählen u.a. der praktizierte Führungsstil, eine Reihe von Managementtechniken bzw. -methoden sowie regelmäßige Information und Kommunikation.

## Der Führungsstil – ein Erfolgsfaktor

Vom Führungsstil spricht man insbesondere, wenn man längerfristig das in Bezug auf verschiedene Situationen konstante Führungsverhalten betrachtet. Wie sich die Führungskräfte ihren Mitarbeitern gegenüber verhalten bzw. auf welche Weise sie ihre Führungsfunktion ausüben, kann von Unternehmen zu Unternehmen und von Führungskraft zu Führungskraft sehr unterschiedlich sein. Mit Sicherheit bestimmt der Führungsstil maßgeblich den Erfolg der Mitarbeiterführung, denn er beeinflusst die Einstellung der Mitarbeiter zu ihrer Arbeit und wirkt sich auf deren Zufriedenheit, Motivation und Leistungsbereitschaft aus.

Die Auswirkungen unterschiedlicher Führungsstile auf Verhalten, Zufriedenheit und Leistungswillen wurden vierfach empirisch untersucht. Trotzdem können die Ergebnisse für die Unternehmenspraxis nur schwer verallgemeinert werden.

Auch wenn das Wort „Führungsstil" etwas irreführend erscheint: Ein Führungsstil ist durchaus erlernbar und nicht unbedingt Charaktersache. Dennoch ist die Frage nach dem optimalen Führungsstil nur schwer zu beantworten, da die Qualität des Führungsstils von einer Vielzahl von Faktoren abhängt:

- Persönlichkeit des Vorgesetzten
- Persönlichkeit der Mitarbeiter
- Arbeitssituation
- gesellschaftliches Umfeld

## Von autoritär bis partnerschaftlich

Zur Erklärung von Führungsstilen wurden in der BWL eine Reihe von Modellen entwickelt. Der sog. eindimensionale Ansatz knüpft an die Unterscheidung zwischen autoritärem und demokratischem bzw. kooperativem Führungsstil an – je nachdem, wie weit der Vorgesetzte seine Macht zu teilen bereit ist:

- Autoritäre Führung wird praktiziert, wenn Sachentscheidungen in kurzer Zeit durchgesetzt werden müssen. Aufgaben werden den Mitarbeitern überwiegend durch strikte Anweisungen und Anleitungen übertragen.

- Bei der kooperativen Führung steht die Motivation der Mitarbeiter besonders im Vordergrund. Kooperative Führung erscheint vorteilhafter, wenn ein gewisser Handlungsspielraum besteht.

In den sog. zweidimensionalen Ansätzen geht man von zwei wesentlichen Verhaltensausrichtungen der Vorgesetzten aus: In welchem Maße handelt die Führungskraft aufgaben-, in welchem Maße mitarbeiterorientiert?

- Die Aufgabenorientierung wird an der Ausrichtung auf quantitative und qualitative Sachziele gemessen – also wenn bei der Aufgabenerfüllung Effektivitäts- und Effizienzüberlegungen wie z. B. Gewinn- und Umsatzzahlen, Kapazitätsauslastung oder eine bestimmte Produktqualität überwiegen.

- Die Mitarbeiterorientierung zeigt sich in Verständnis und Unterstützung der Mitarbeiter sowie im Bemühen der Führungskraft um deren Zuneigung auf der Grundlage von Vertrauen, Respekt, Gehorsam und Mitgefühl. Darüber hinaus zeigt sie aber auch Interesse an Fragen der Arbeitsbedingungen, der Gehaltsstruktur, Sozialleistungen und der Arbeitsplatzsicherheit. Bei der Aufgabenübertragung traut sie dem Mitarbeiter Eigenverantwortung und Selbstständigkeit zu und zeigt Anerkennung für seine Leistungen.

Die beiden Verhaltensausrichtungen lassen sich zu einem zweidimensionalen Verhaltensgitter, dem bekannten „Managerial Grid" verschmelzen (siehe folgende Abb.). Je nach Ausprägung der beiden Pole entstehen auf einer Skala von 1 – 9 verschiedene Werte.

Die Wissenschaftler Blake/Mouton haben daraus fünf wichtige Führungsstile abgeleitet:

- 1,1: Die minimale Anstrengung zur Erledigung der geforderten Arbeit genügt gerade noch, sich im Unternehmen zu halten.

- 1,9: Die Rücksichtnahme auf die Bedürfnisse der Mitarbeiter nach zufrieden stellenden zwischenmenschlichen Beziehungen bewirkt ein gemächliches und freundliches Betriebsklima und Arbeitstempo.

- 5,5: Eine angemessene Leistung wird ermöglicht durch die Herstellung eines Gleichgewichts zwischen der Notwendigkeit, die Arbeit zu erledigen und der Aufrechterhaltung einer zufrieden stellenden Betriebsmoral.

- 9,1: Der Betriebserfolg beruht darauf, die Arbeitsbedingungen so einzurichten, dass der Einfluss persönlicher Faktoren auf ein Minimum beschränkt wird.

- 9,9: Hohe Arbeitsleistung vom engagierten Mitarbeiter und gemeinschaftlicher Einsatz für das Unternehmensziel verbinden die Menschen in Vertrauen und gegenseitiger Achtung.

## Das Managerial Grid

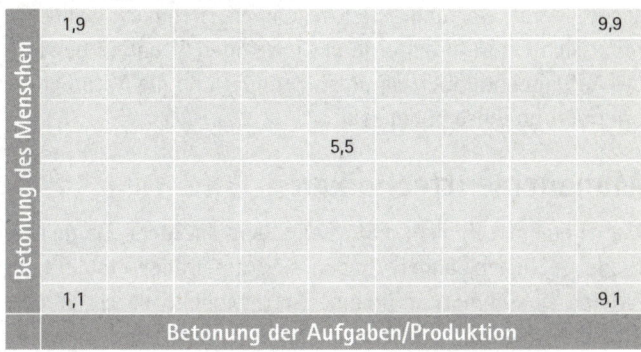

## Eine Alternative: flexibel führen

Die situative Führungstheorie geht davon aus, dass es nicht einen einzigen, angemessenen Führungsstil gibt, sondern dass dieser von der jeweiligen Situation abhängig ist. Am bekanntesten ist das Modell von Hersey/Blanchard. Dabei hängt der jeweils geeignete Führungsstil davon ab, ob das grundsätzliche Führungsverhalten eines Vorgesetzten eher aufgaben- oder mitarbeiterbezogen ist. Allerdings schließen sich diese zwei Orientierungen nicht gegenseitig aus, sondern werden in unterschiedlicher Ausprägung miteinander kombiniert. Wie viel Verantwortung und Entscheidungsfreiheit dem einzelnen Mitarbeiter übertragen wird, hängt aber auch von dessen Reifegrad ab, d. h. von seiner Fähigkeit sich selbst

Ziele zu setzen, von seiner Eigenmotivation und seiner Bereitschaft Verantwortung zu übernehmen. Demnach sollte, je
reifer sich ein Mitarbeiter in der jeweiligen Situation beweist,
die Aufgabenorientierung umso geringer und die Mitarbeiterorientierung umso höher sein.

# Managementtechniken

Managementtechniken gibt es wie Sand am Meer. Einige sind
Mode geblieben, andere haben sich auf Dauer etabliert. Es
handelt sich immer um pragmatische Modelle, durch die eine
effiziente Führung sowie Einheitlichkeit und Transparenz im
Führungsverhalten sichergestellt werden sollen. Zum Inhalt
solcher Managementkonzepte gehören wieder beide Aspekte,
sachbezogene und mitarbeiterbezogene Führungsaufgaben.
Führungskonzepte finden als schriftlich fixierte Führungs-
anweisung Eingang in die Praxis.

> Die Führungsanweisung ist eine einheitliche Regelung im Unternehmen,
> mit der das Verhältnis zwischen Vorgesetzten und Mitarbeitern dauerhaft
> gestaltet wird.

Die bekanntesten Managementtechniken (auch Management-
prinzipien) sind unter der Bezeichnung „Management-by-
Konzept" bekannt geworden. Die meisten dieser Konzepte
betrachten lediglich einen Teilbereich der Mitarbeiterführung;
ein umfassendes Führungskonzept ist nur beim Management
by Objectives verwirklicht.

## Management by Exception

In diesem Modell greift die Führungskraft nur bei Überschrei-
ten bestimmter Normen oder bei Auftreten unvorhergesehe-

ner Ereignisse ein. Im Übrigen sind Verantwortung und Kompetenz für die Durchführung aller normalen und vorsehbaren Aufgaben an die Mitarbeiter delegiert. Das Konzept funktioniert aber nur, wenn eindeutig festgelegte Ziele, Bewertungsmaßstäbe und Abweichungstoleranzen ein sicheres Erkennen der Ausnahmesituation ermöglichen.

## Management by Delegation

Bei diesem Modell werden abgegrenzte Aufgaben mit allen zugehörigen Kompetenzen und Teilverantwortungen auf die Mitarbeiter übertragen, die im Rahmen ihres Delegationsbereichs möglichst eigenständig handeln sollen. Durch seine Dienstaufsicht und durch Erfolgskontrollen in Form von Soll-Ist-Vergleichen übt der oder die Vorgesetzte die notwendige Kontrolle über die Mitarbeiter aus.

## Sehr verbreitet: Management by Objectives

Dieses Konzept beruht auf der Vereinbarung von Zielen. Denn jedes Unternehmen verfolgt Ziele, die im Wege der Planung erarbeitet werden müssen. Auf jeden Mitarbeiter entfallen damit automatisch Teilziele, und diese legt die Führungskraft gemeinsam mit jedem fest. Die Mitarbeiter haben dann durch eigenes Entscheiden und Handeln die Ziele ihres Aufgabenbereichs zu erreichen. Schriftlich fixiert werden die vereinbarten Ziele in einer sog. Zielbeschreibung; Leistungsstandards und Kontrolldaten dienen zu ihrer Konkretisierung. Anhand der Zielvereinbarung lassen sich dann Abweichungen untersuchen und Ergebnisse kontrollieren. Die Zielvereinbarung trägt zur Verbesserung der Kommunikation zwischen

Vorgesetztem und Mitarbeiter bei, da die gegenseitigen Erwartungen klar definiert sind.

Die Formulierung von Zielvereinbarungen ist nicht einfach. Oft handelt es sich in der Praxis um reine Tätigkeitsbeschreibungen, wie sie bereits in Stellenbeschreibungen enthalten sind. Bei der Vereinbarung von Zielen geht es jedoch nicht in erster Linie darum, was ein Mitarbeiter zu tun hat, sondern welches Ergebnis er erreichen soll. Dabei gilt:

- Präzise Zielvereinbarungen beschreiben einen zu einem bestimmten Zeitpunkt zu erreichenden Endzustand, der dem Mitarbeiter ausreichend Gestaltungsspielraum auf dem Weg dorthin einräumt (Zielinhalt, -ausmaß, -termin).

- Ziele müssen bedeutungsvoll und herausfordernd, aber erreichbar sein.

- Ziele müssen messbar sein. Qualitative Ziele müssen durch Ersatzmaßstäbe quantifizierbar gemacht werden.

- Ziele müssen widerspruchsfrei sein.

- Ziele müssen sich auf das Wesentliche konzentrieren.

**Beispiel**

 Für einen Außendienstmitarbeiter könnte ein Ziel lauten, den Umsatz innerhalb der nächsten zwölf Monate um 5 % zu steigern. Bei einer hohen Ausschussquote wäre folgende Formulierung denkbar: Senkung der Ausschussquote von derzeit 5 % auf höchstens 3 % bis spätestens 12/20XX.

Mit einem Bereichsverantwortlichen könnte folgendes vereinbart werden: Einführung des Konzepts „Ziervereinbarungen" bis spätestens zum Ende des folgenden Kalenderjahres.

# Wie motiviert man Mitarbeiter?

Warum ist der eine über alle Maßen engagiert, während der andere nur seinen Job macht? Kann man mit Anreizen wie Firmenwagen die Leistung seiner Verkaufsmannschaft wirklich dauerhaft steigern? Manager müssen sich mit Motivation beschäftigen, denn täglich stehen sie vor der Frage, wie sie mit ihren Mitarbeiter die geforderten Leistungen erbringen können.

> Motivation beschreibt die Summe aller Beweggründe (Motive) für das menschliche Handeln und Erleben. Motive legen fest, was Personen wollen oder wünschen. Sie führen dazu, dass Menschen in bestimmten Situationen in spezifischer Weise reagieren.

Werfen wir einen kurzen Blick in die Forschung, begegnen wir unterschiedlichen Motiven. Während die primären Motive angeboren sind (Hunger, existentielle Bedürfnisse), interessieren den Manager bei der Mitarbeiterführung vor allem die sekundären Motive. Damit sind die Beweggründe des menschlichen Verhaltens gemeint, die aufgrund eines Lernprozesses erworben werden, wie etwa Einkommen oder Karriere.

Die Theorie unterscheidet weiter zwischen intrinsischen und extrinsischen Motiven:

- Als intrinsisch motiviert wird ein Verhalten angesehen, bei dem Handlungen oder Handlungsergebnisse um ihrer selbst Willen angestrebt werden. Im betrieblichen Alltag sind vor allem die intrinsischen Motive Leistung, Macht, Sinngebung oder Selbstverwirklichung von Bedeutung.

- Als extrinsisch motiviert wird ein Verhalten angesehen, wenn äußere Belohnungen angestrebt werden. D. h. das Leistungsverhalten ist ein Instrument, um die angestrebte Belohnung zu erlangen.

Anreize hierfür können nicht nur materieller Art sein – also finanziell erfassbare Belohnungen wie Einkommen, Zusatzleistungen und bestimmte Konsumleistungen – , sondern auch immaterieller Art, wie zum Beispiel Sicherheit, Karriere, Prestige und Kontakt.

## Diese Motivationstheorien sollten Sie kennen

Zur Erklärung des menschlichen Verhaltens wurden eine Reihe von Motivationstheorien entwickelt. Ein in der Managementliteratur sehr populärer, aber inzwischen zeitlich überholter Ansatz ist die Bedürfnishierarchie von Maslow, nach der sich die Bedürfnisse aller Menschen wie folgt gruppieren lassen:

1. physiologische Bedürfnisse: Nahrung, Schlaf

2. Sicherheitsbedürfnisse: Schutz vor Gefahren, wirtschaftliche Sicherheit

3. soziale Bedürfnisse: Kontakt, Zugehörigkeit, Zuneigung

4. Achtungsbedürfnisse: Ansehen, Status, Anerkennung, Prestige

5. Bedürfnisse nach Selbstverwirklichung: Nutzung und Entfaltung der in einem Individuum vorhandenen Möglichkeiten

Die ersten vier Bedürfnisse bezeichnet Maslow als Defizitbedürfnisse. Sie werden nur bei Mangelzuständen aktiviert und verlieren nach ihrer Befriedigung ihre aktivierende Kraft. Die fünfte Ebene, das Bedürfnis nach Selbstverwirklichung, gilt als Wachstumsbedürfnis – das heißt, es kann niemals vollkommen befriedigt werden. Es wird allerdings erst aktiviert, wenn die untergeordneten Defizitbedürfnisse weitgehend befriedigt sind.

Ebenfalls einen hohen Bekanntheitsgrad hat die Zwei-Faktoren-Theorie von Herzberg erreicht, nach der zwei Bereiche die Arbeitssituation bestimmen: Hygienefaktoren *(dissatisfiers)* lassen je nach Ausprägung Unzufriedenheit entstehen, führen aber niemals zur Zufriedenheit (z.B. das Arbeitsentgelt). Motivatoren *(satisfiers)* steigern dagegen die Zufriedenheit (z.B. eine attraktive Aufgabenstellung).

Die Erwartungs-Valenz-Modelle schließlich gehen davon aus, dass die Motivation einer Person von der Attraktivität der Sache und der subjektiv wahrgenommenen Wahrscheinlichkeit, das Ziel zu erreichen, abhängig ist.

## Wie lassen sich Mitarbeiter motivieren?

Eine Reihe von betrieblichen Faktoren können die Arbeitszufriedenheit und damit die Motivation beeinflussen:

- Betriebsklima
- Führungsstil
- Personalentwicklung

- interessante und verantwortungsvolle Aufgabengebiete
- Mitarbeiterbeteiligung
- gerechte Entlohnung

# Information und Kommunikation

Führen ohne Informationsweitergabe und Kommunikation funktioniert nicht, egal, ob nun formelle, vom Unternehmen vorgesehene Wege oder informelle Wege genutzt werden. Eine zielgerichtete, bewusst geförderte interne Kommunikation verhindert Gerüchte. Die interne Kommunikation funktioniert dann optimal, wenn sie nicht nur von oben nach unten, sondern auch von unten nach oben stattfindet. Nicht zu steuern, aber dennoch enorm wichtig ist die informelle Kommunikation, die aufgrund sozialer Beziehungen entsteht.

> Informierte Mitarbeiter sind die besseren Mitarbeiter, da sie über den Tellerrand ihres eigenen Arbeitsplatzes hinausschauen und unternehmerische Gesamtzusammenhänge erkennen können. Dies trägt zu einer erhöhten Motivation bei.

Die beiden wichtigsten Instrumente der Mitarbeiterkommunikation sind das Mitarbeitergespräch und die Mitarbeiterbesprechung.

### Wann und wozu Mitarbeitergespräche?

Der Begriff Mitarbeitergespräch wird überwiegend als Sammelbegriff für alle Gespräche verwendet, die der unmittelbare oder ein höherer Vorgesetzter mit seinen Mitarbeitern führt. Sie können grundsätzlich auf allen hierarchischen Ebenen geführt werden. Als Anlass kommen alle aus der Zusammenarbeit zwischen Vorgesetzten und Mitarbeitern entstehenden Gesprächssituationen in Frage: etwa die Einführung neuer Mitarbeiter, Anerkennung und Kritik, Information über betriebliche Veränderungen, Austrittsgespräch, Beurteilungsgespräch, Gespräche zur Zielvereinbarung, Fördergespräch, Lohn- und Gehaltsgespräche, Rückkehrgespräche, Gespräche über die Arbeitssicherheit.

> Regelmäßige Mitarbeitergespräche dienen der Verbesserung des Vorgesetzten-Mitarbeiter-Verhältnisses; sie fördern die Offenheit und das gegenseitige Verständnis und erleichtern die Zusammenarbeit.

## Tägliches To Do der Führungskraft: Besprechungen

Mitarbeiterbesprechungen gehören zur Routine einer Führungskraft. In vielen Unternehmen stehen täglich solche Gespräche in der Gruppe an. Dabei kann es um reine Information, Erfahrungsaustausch, gemeinsames Problemlösen, aber auch um Ausräumen von Meinungsverschiedenheiten oder die Schlichtung eines Konflikts gehen.

Wie das Mitarbeitergespräch kann auch die Mitarbeiterbesprechung aus aktuellem Anlass erforderlich werden oder in festem Turnus stattfinden. Turnusmäßige Besprechungen sind z. B.

- die monatlichen Besprechungen über die anstehenden Aufgaben und Projekte,
- regelmäßige Projektbesprechungen mit allen Projektbeteiligten,

- jährliche Strategiebesprechungen über die Zielsetzungen der Abteilung im Folgejahr.

# Wie Unternehmen Werte etablieren

Wer oder was bestimmt, in welche Richtung das Unternehmen prinzipiell gesteuert wird? Und wo seine Prinzipien liegen? Wer diese Fragen beantwortet haben möchte, untersucht die vom Unternehmen verfolgte Philosophie, in der ganz grundsätzliche Entscheidungen zum Ausdruck gebracht werden, und sieht sich die Unternehmenskultur an.

## Warum Unternehmen eine Philosophie brauchen

Die Unternehmensphilosophie stellt das oberste Wertsystem der Unternehmung, die für alle Mitglieder gültige weltanschauliche Grundordnung dar und umfasst die drei Komponenten Menschenbild, Gesellschaftsbild (Bezug des Unternehmens zur Gesellschaft und Politik) und Betriebsleitbild (Bezug des Unternehmens zum Wettbewerb und den anderen Wirtschaftsobjekten).

> Von Unternehmensgrundsätzen bzw. einem Unternehmensleitbild wird gesprochen, wenn die Unternehmensphilosophie schriftlich dokumentiert wird.

In so einem Leitbild stehen:

- Unternehmensfunktion bzw. Unternehmenszweck. Dazu zählen eine Definition des Produktions- oder Dienstleistungsprogramms nach Art und Eigenschaften sowie Angaben über die anzusprechenden Abnehmer und Märkte.

- die grundlegenden Unternehmensziele und die damit verbundenen Strategien

- wesentliche Prinzipien für das Verhalten der Mitglieder des Unternehmens gegenüber den verschiedenen Anspruchsgruppen (z. B. Mitarbeiter, Anteilseigner, Marktpartner oder Staat und Öffentlichkeit)

- methodische Prinzipien eines Leitungskonzepts (z. B. Prinzipien eines partnerschaftlichen Führungsstils)

Konkretisiert wird die Unternehmensphilosophie durch die sog. Unternehmenspolitik. Sie umfasst langfristig wirksame Grundsatzentscheidungen, die darauf ausgerichtet sind, die Unternehmung in ihrer Existenz zu sichern.

# Die Unternehmenskultur

In jedem Unternehmen entwickeln sich bestimmte Verhaltensnormen, Wertvorstellungen, Traditionen oder Denk- und Handlungsweisen, kurz: eine Unternehmenskultur, wobei die Unternehmensleitung hier eine ganz besondere Vorbildfunktion hat. Eine starke Unternehmenskultur prägt das ganze Unternehmen, von den Entscheidungen der Führungskräfte bis hin zum Verhalten der Mitarbeiter gegenüber Kunden. Starke Unternehmenskulturen zeigen starke Wirkungen –

doch die müssen nicht immer positiv sein, wie die nach-
folgende Tabelle zeigt.

## Wirkungen von Unternehmenskulturen

| Positive Effekte | Negative Effekte |
|---|---|
| ■ Handlungsorientierung durch klare Richtlinien und Orientierungsmuster | ■ Betriebsblindheit durch Wahrnehmungsfilterung |
| ■ reibungslose Kommunikation, weniger Missverständnisse und weniger Interpretationsfehler | ■ Tendenz zum Abkapseln, zur Selbstüberschätzung, zum Ignorieren von Kritik und Warnsignalen |
| ■ rasche Entscheidungsfindung durch schnelle Einigung | ■ Blockierung neuer Orientierungen, Festhalten an alten Erfolgsmustern |
| ■ problemlose Umsetzung auf Grund der breiten Akzeptanz | ■ Widerstand gegenüber Veränderungen und Innovationen |
| ■ geringer Kontrollaufwand dank der verinnerlichten Verhaltensmuster | ■ Mangel an Flexibilität, geringe Anpassungsfähigkeit |
| ■ „Wir-Gefühl" fördert Motivation, Teamgeist und Loyalität | |

Von einer starken Unternehmenskultur kann man sprechen,

■ je mehr Mitarbeiter die kulturellen Werte und Normen
  teilen,

- je intensiver die Mitarbeiter die Werte und Normen verinnerlicht haben und je deutlicher ihr Verhalten von der Unternehmenskultur geprägt ist,

- je besser die Unternehmenskultur zum Führungs- und Organisationssystem, zur Unternehmenspolitik oder zum Zielsystem passt,

- und je besser die Werte und Normen der Unternehmung mit denen der Umwelt bzw. der Gesellschaft (Umweltvereinbarkeit) übereinstimmen.

Eine bekannte Typologie haben Deal/Kennedy entwickelt: Nach den beiden Kriterien Risikobereitschaft und Feedback aus dem Markt unterscheiden sie vier Kulturtypen:

## Typische Unternehmenskulturen

<table>
<tr><td rowspan="3">Risikograd der Geschäftsaktivitäten</td><td>hoch</td><td>Analytische Projekt-Kultur:<br>hohes Risiko<br>bei langsamem Feedback<br>und ständig hohem Erfolgsdruck</td><td>Alles-oder-Nichts-Kultur:<br>Mitarbeiter sind Individualisten, die hohes Risiko eingehen; schnelles Feedback</td></tr>
<tr><td>niedrig</td><td>Prozess-Kultur:<br>Konzentration,<br>wie etwas getan wird,<br>nicht was getan wird;<br>geringes Risiko;<br>langsames Feedback</td><td>Brot-und-Spiele-Kultur:<br>Aktivität ist entscheidend;<br>Erledigung vieler Dinge bei geringem Risiko</td></tr>
<tr><td></td><td>langsam</td><td>schnell</td></tr>
<tr><td></td><td colspan="3">Feedback vom Markt</td></tr>
</table>

> Eine fest verankerte Unternehmenskurtur kann echte Stärke nach innen
> und außen signalisieren. Wenn ein starkes Wir-Gefühl im Untenehmen
> existiert, gibt es weniger Konfliktpotenzial.

# Vermittelt ein stimmiges Image:

## Corporate Identity

Wie sich ein modernes Unternehmen nach außen präsentiert,
wird nicht dem Zufall überlassen. Durch Corporate Identity
(CI) schafft sich eine Unternehmung bewusst eine Identität.
Das dabei vermittelte Erscheinungsbild soll positiv und vor
allem unverwechselbar sein, sodass Produkte und Mitarbeiter
mit diesem Image in Verbindung gebracht werden und sich
das Unternehmen positiv von seinen Konkurrenten abhebt.

> Corporate Identity ist die bewusst entwickelte, ganz individuelle Persön-
> lichkeit eines Unternehmens. Diese Persönlichkeit wird sowohl innerhalb
> des Unternehmens, z.B. im Verhältnis der Mitarbeiter und der Führung
> zueinander, als auch außerhalb, z.B. im Verhältnis zum Kunden oder zu
> den Medien spürbar.

## Wie schafft man eine Corporate Identity?

Instrumentarium des CI ist das sog. Identitäts-Mix. Damit
werden nicht nur ein einheitliches Erscheinungsbild (Corporate Design und Corporate Image), sondern auch Verhaltensweisen und eine unternehmensweite Kommunikationsweise
festgelegt.

Für ein Corporate Design ist der Umstieg auf ein modernes
Logo und die dazu passenden Briefbogen bei weitem nicht
ausreichend, wenn dies auch vielleicht der Baustein ist, den

die breite Öffentlichkeit besonders deutlich wahrnimmt. Die Bereiche des Corporate Design betreffen:

- das Unternehmen (Name, Slogan, Marke),
- die Produkte (Material, Farben, Formen, Verpackungen),
- die Kommunikationsmittel (Layout, grafische Darstellungen)
- die Gestaltung der Betriebsgebäude (Räume, Form und Größe, Orientierungshilfen, Innenarchitektur, Ambiente).

Wie verbale und visuelle Botschaften übermittelt werden sollen, legt man mit den Corporate Communications fest (siehe nächste Seite). Die Kommunikation ist innerhalb der CI sicher der flexibelste Baustein, da sie sich jeden Tag mit jedem Ereignis anders gestalten kann (z. B. der Umgang der Führungskräfte mit den Mitarbeitern).

Das Corporate Behaviour legt Verhaltensweisen im Unternehmen fest. Denn es geht beim Image nicht nur um die Qualität der Produkte, sondern auch um die Qualität der Beziehungen, die das Unternehmen zu Mitarbeitern, Kunden, Lieferanten oder Kapitalgebern knüpft: Je mehr es gelingt, durch ein positives Verhalten aufzufallen, desto besser für die wirtschaftlichen Ziele des Unternehmens. Umgekehrt gilt, dass durch die Macht der Massenmedien Fehltritte oder Skandale für eine Firma weitreichende Folgen haben können.

## Mittel der Corporate Communications

| Interne Kommunikation | Externe Kommunikation |
| --- | --- |
| - Schwarzes Brett | - Pressemitteilungen und Pressekonferenzen |
| - Mitarbeitergespräche und -besprechungen | - Prospekte |
| - Firmenzeitung/ Hauszeitung E-Mail | - Messen, Ausstellungen |
| - Aus- und Weiterbildung | - Beschriftungen (Schilder, Fahrzeuge, Gebäude) |
| - Sport- und Freizeitveranstaltungen für Mitarbeiter | - Personalwerbung |
| - Jubiläen | - Geschäftsberichte |
| - Betriebsausflüge | - Serviceleistungen |
| - Tag der offenen Tür | - Handelswerbung |
| - Einbindung von Pensionären | - Endverbraucherwerbung |
| - Betriebsversammlungen | - Produkt-PR |
| | - Verkaufsförderung |
| | (für Außendienst, Einkauf, Endverbraucher) |

Intern wirken im Idealfall alle Aktivitäten darauf hin, den Mitgliedern eine Art Zugehörigkeitsgefühl (Wir-Gefühl) zu vermitteln.

# Umweltmanagement – noch nicht weit verbreitet

Im betriebswirtschaftlichen Sinn zählen zur Umwelt sämtliche Einflussfaktoren, die von außerhalb auf das Unternehmen einwirken:

- natürliche Umwelt (z.B. Natur, Öko-System)
- politisch-gesetzliche Umwelt (z.B. Rechtsordnung)
- technische Umwelt (z.B. neue Technologien, Materialien, Kommunikation, Verkehr)
- soziale Umwelt (z.B. Einflüsse des privaten Bereichs)
- geistige Umwelt (z.B. Erkenntnisse der Wissenschaft)
- wirtschaftliche Umwelt (z.B. Konjunktur, Wettbewerbssituation, Märkte)

Besondere Bedeutung erhält in den letzten Jahren die Bewältigung ökologischer Umweltprobleme. Von den Betrieben wird heutzutage mehr als nur eine optimale Versorgung mit Gütern und Dienstleistungen erwartet. Gefordert werden auch Anpassung und Unterstützung bei der Durchsetzung sozialer und insbesondere ökologischer Interessen.

> Der betriebliche Umweltschutz hat sich in den vergangenen zwei Jahrzehnten zu einem eigenständigen Unternehmensziel entwickelt; das betriebliche Umweltschutzmanagement stellt eine neue unternehmerische Führungsaufgabe dar.

Mit Hilfe des Umweltmanagements versuchen Unternehmen Risikopotenziale im betrieblichen Umweltschutz rechtzeitig aufzudecken, um damit die Kosten zu minimieren und die Wettbewerbsfähigkeit des Unternehmens zu sichern.

## Defensives oder offensives Konzept?

Viele Unternehmen entscheiden sich allerdings beim betrieblichen Umweltmanagement für ein defensives Verhalten. Das bedeutet, Untätigkeit überwiegt, man reagiert allenfalls auf die gesetzlichen bzw. vom Markt ausgehenden Anforderungen. Die nach dem offensiven Umweltmanagementkonzept handelnden Betriebe versuchen hingegen, die Umweltschutzanforderungen in die betrieblichen Abläufe zu integrieren. Ziel ist es, diese Anforderungen nicht nur zu erfüllen, sondern sie als betriebswirtschaftliches Instrument zu benutzen, um möglichst alle denkbaren Vorteile eines umweltbewussten Verhaltens für den Betrieb zu aktivieren.

Instrumente des Umweltmanagements sind z. B.:

- Öko-Audit: Im Rahmen dieser Umweltbetriebsprüfung werden die Leistungen der Organisation, des Managements und die Abläufe zum Schutz der Umwelt regelmäßig dokumentiert und objektiv bewertet.

- Öko-Bilanzen: Zeigen ökologische Schwachstellen im Unternehmen auf. Daraus werden dann umweltpolitische Ziele abgeleitet, die schließlich in einer konkreten Umsetzung betrieblicher Umweltschutzmaßnahmen münden.

# Controlling, Finanz- und Rechnungswesen

Während Finanz- und Rechnungswesen das Rückgrat der Unternehmung bilden, könnte man das Controlling als sein betriebswirtschaftliches Gewissen bezeichnen.

In diesem Kapitel erfahren Sie,

- welche Regeln bei der Unternehmensfinanzierung gelten,
- nach welchen Regeln Investitionsentscheidungen getroffen werden,
- welche Aufgaben das betriebliche Rechnungswesen erfüllt und
- wie ein wirksames Controlling funktioniert.

# Finanzwirtschaft

Um eine Produktion überhaupt zum Laufen zu bringen, braucht ein Unternehmen Geld. Dem sog. güterwirtschaftlichen Prozess, der von der Materialwirtschaft über die Produktion bis zum Absatz reicht, steht auf der anderen Seite ein geldwirtschaftlicher Prozess gegenüber – die Finanzwirtschaft. Dabei unterscheidet die BWL die beiden Teilbereiche Finanzierung und Investition (siehe nächstes Kapitel).

Der Finanzbereich ist enorm wichtig – und naturgemäß werden wir in diesem Kapitel um ein paar „trockene" betriebswirtschaftliche Begriffe nicht herumkommen.

## Wie finanziert sich ein Unternehmen?

Der Begriff „Finanzierung" wird in der Literatur und Praxis nicht einheitlich definiert. Im engeren Sinne versteht man unter Finanzierung alle Maßnahmen der Versorgung einer Unternehmung mit Kapital (womit nur solche Finanzierungsvorgänge angesprochen werden, die sich auf der Passivseite der Bilanz niederschlagen). Als Finanzierung im weiteren Sinne wird jede Versorgung der Unternehmung mit Geldmitteln bezeichnet. Diese Definition deckt sowohl die externe Kapitalaufbringung als auch die interne Kapitalbereitstellung ab.

### Von wo kommt das Geld?

Kapital, das ein Unternehmen erhält, kann von außen kommen oder aus dem Unternehmen selbst stammen – man spricht dabei von Außen- bzw. Innenfinanzierung. Stammt das Kapital von externen Kapitalgebern, kann es sich entweder um Eigen- oder Fremdkapital handeln. Eigenkapital kann in Form der Eigen- oder Beteiligungsfinanzierung beschafft werden, z. B. wenn die Kapitalanteile der vorhandenen Gesellschafter erhöht werden oder wenn neue Gesellschafter eintreten.

> Während börsenfähige Aktiengesellschaften neue Aktien ausgeben können, um wieder zu Geld zu kommen, scheitert bei kleineren Unternehmen die Eigenfinanzierung vielfach daran, dass die Gesellschafter neben ihrem Geschäftsvermögen kein wesentliches Privatvermögen besitzen. Und wenn stattdessen neue Gesellschafter aufgenommen werden, gibt man gleichzeitig ein Stück seiner unternehmerischen Unabhängigkeit auf.

Das Unternehmen kann sich auch mit Fremdkapital versorgen (Fremd- oder Kreditfinanzierung). Nicht nur für die Bilanz ist dann wichtig, ob dieses Geld, etwa von einer Bank, langfristig oder kurzfristig überlassen wurde (je nachdem spricht man von langfristiger bzw. kurzfristiger Fremdfinanzierung):

- Zu den langfristigen Finanzierungsmitteln zählen Obligationen, Schuldscheindarlehen, Hypothekarkredite, Grundschulden und das Leasing.

- Zur kurzfristigen Fremdfinanzierung zählen Lieferantenkredite, Anzahlungen von Kunden und kurzfristige Bankkredite.

Doch der Betriebswirt hat noch weitere Kriterien für die Finanzierung: Bei der sog. Innenfinanzierung wird Kapital aus der Unternehmung selbst für Finanzierungszwecke verwendet, etwa in Form von Gewinnen, die nicht ausgeschüttet werden, sondern als offene Rücklagen (gesetzliche oder freie) im

Unternehmen verbleiben. Diese offenen Rücklagen werden dann auf der Passivseite der Bilanz ausgewiesen. Man bezeichnet diesen Fall als offene Selbstfinanzierung.

Im Gegensatz dazu spricht man von stiller Selbstfinanzierung, wenn durch Unterbewertung der Vermögensgegenstände oder Überbewertung von Schulden stille Rücklagen gebildet werden – ebenfalls eine Maßnahme, die im Zuge der Bilanzierung erfolgt. Ein weiterer Fall der Innenfinanzierung ist die Finanzierung aus Rückstellungen (z. B. bei Pensionsrückstellungen oder bei Rückstellungen für Bergschäden).

Rückstellungen werden für Risiken gebildet deren Eintreten mit hoher Wahrscheinlichkeit erwartet wird. Sie gehören zwar wie Verbindlichkeiten zum Fremdkapital, Höhe und Auszahlungstermin stehen jedoch nicht fest. Der Finanzierungseffekt entsteht, weil durch die Bildung von Rückstellungen zwar in der Gewinn- und Verlustrechnung ein Aufwand entstanden ist, dieser aber nicht sofort zu Ausgaben führt. Ähnliche Überlegungen gelten auch für die Finanzierung aus Abschreibungen.

Auch Abschreibungen sind Aufwendungen, die nicht kurzfristig zu Ausgaben werden. Abschreibungen sorgen für eine periodengerechte Verteilung der Ausgaben für Wirtschaftsgüter. Erstreckt sich die Nutzung eines erworbenen Wirtschaftsgutes über mehrere Geschäftsjahre, werden die Anschaffungs- oder Herstellungskosten über die Jahre verteilt, in denen das Gut dem Betrieb zur Verfügung steht.

Auch durch Leasing und Factoring können die Finanzierungsprobleme einer Unternehmung gelöst werden:

- Beim Leasing zahlt der Unternehmer für Güter wie Autos, Maschinen etc. an die Leasinggesellschaft eine Art Miete und erspart sich dadurch große Investitionen.

- Factoring bedeutet: Das Unternehmen verkauft Forderungen aus Lieferungen und Leistungen (Rechnungen) vor ihrer Fälligkeit an eine Bank. Die Bank schreibt dem Unternehmen die offenen Forderungen sofort nach Rechnungsstellung gut und sichert somit dessen Liquidität.

# Finanzierungsregeln setzen Richtwerte

Als Finanzierungsregeln werden wissenschaftliche oder aus der Praxis abgeleitete Verhaltensnormen bezeichnet, durch die die Gestaltung der Kapitalstruktur bestimmt wird. Hierbei kommen u. a. bestimmte Größen aus der Bilanz ins Spiel.

Der Wert der Finanzierungsregeln für die Praxis ist umstritten. Dennoch werden sie sowohl von den für die Finanzierung Verantwortlichen selbst als auch von den Kredit gebenden Institutionen (z. B. Banken) als Entscheidungshilfe berücksichtigt.

Die sog. vertikalen Finanzierungsregeln (Kapitalstrukturregeln) beziehen sich ausschließlich auf das Verhältnis der Kapitalteile zueinander. Die 1:1-Regel verlangt, dass das Eigenkapital mindestens so groß ist wie das Fremdkapital. Gelegentlich wird auch ein Verhältnis von 2:1 als betriebswirtschaftlich sinnvoll angesehen.

Die horizontalen Finanzierungsregeln beinhalten eine Aussage über die Relation von Kapital und Vermögen. Die goldene Finanzierungsregel (auch goldene Bankregel) fordert, dass die

Investitionsdauer nicht länger als die Finanzierungsdauer sein darf. Aufgenommenes Fremdkapital darf demgemäß nur in solche Vermögensgegenstände fließen, die sich spätestens zum Zeitpunkt der Kredittilgung wieder verflüssigt haben (Prinzip der Fristenentsprechung).

Die goldene Bilanzregel bestimmt, dass das Anlagevermögen durch Eigenkapital bzw. sehr langfristiges Fremdkapital gedeckt wird, während das Umlaufvermögen durch kurz- und mittelfristiges Fremdkapital zu finanzieren sei. Eine strengere Version besagt, dass neben dem Anlagevermögen auch die langfristig gebundenen Teile des Umlaufvermögens (z.B. der eiserne Bestand) langfristig zu finanzieren seien.

## Immer schön flüssig: Liquiditätsregeln

Liquidität ist die Fähigkeit eines Unternehmens, seine Verbindlichkeiten uneingeschränkt erfüllen zu können. Man unterscheidet statische und dynamische Liquiditätsgrade. Die statische Liquidität wird anhand von aus der Bilanz abgeleiteten Kennzahlen errechnet. Dabei werden Teile des Umlaufvermögens zu den kurzfristigen Verbindlichkeiten in Relation gesetzt (z.B. Liquidität 1. Grades = Flüssige Mittel/kurzfristige Verbindlichkeiten). Die Aussagekraft der statischen Liquidität ist begrenzt. Sie ist stichtagsbezogen und informiert nur über das kurzfristige finanzielle Gleichgewicht der Unternehmung.

Aussagen über die künftige Liquidität des Unternehmens werden mit Hilfe der Finanzplanung gewonnen. Dabei wird das Verhältnis von Barbestand und Bankguthaben sowie voraussichtlichen Zahlungseingängen zu den voraussichtlichen Zahlungsverpflichtungen einer Periode gebildet. Die Planungsintervalle werden in Wochen, Monaten oder Quartalen definiert. Der Planungsprozess geschieht durch Fortschreibung im rollierenden Verfahren.

# Investitionswirtschaft

Investitionsentscheidungen zählen zu den schwierigsten Entscheidungen im Unternehmen. Aus betrieblicher Sicht bedeutet Investition den Kauf von Gegenständen des Anlagevermögens wie Grundstücke, Gebäude und Maschinen. Im betriebswirtschaftlichen Sinne ist jede Umwandlung von Geld in Produktivgüter eine Investition.

## Investitionsarten

Nach der Art der erworbenen Güter werden unterschieden:

- Sachinvestitionen: Sie ermöglichen den Leistungsprozess im Unternehmen oder sind direkt daran beteiligt, z.B. der Kauf einer Maschine.

- Finanzinvestitionen: Sie beziehen sich auf das Finanzanlagevermögen. Dazu zählen Forderungsrechte wie Bankguthaben, festverzinsliche Wertpapiere oder gewährte Darlehen und Beteiligungsrechte, die eine wirtschaftliche Einflussnahme auf die Geschäftspolitik anderer Unternehmen ermöglichen.

- Immaterielle Investitionen schaffen oder verändern immaterielle Leistungsreserven. Sie betreffen vorwiegend den Absatzbereich (z.B. werbende Investitionen), den Forschungs- und Entwicklungsbereich (z.B. Entwicklung neuer Produkte) und den Personalbereich (z.B. Investitionen in die Aus- und Weiterbildung).

Bildungsinvestitionen sind Investitionen in das Humanvermögen, die nach heutiger Auffassung für die Produktivität und das Wachstum der Unternehmen ebenso bestimmend sind wie die maschinelle Ausstattung. Eine Ermittlung des Investitionserfolgs ist wegen des Quantifizierungsproblems von Bildungsleistungen nur schwer möglich.

# Beurteilt Risiken: Investitionsrechnung

Bei jeder Investition ist zu beurteilen, ob das dafür investierte Geld eine entsprechende Rendite erwirtschaftet. Diese Aufgabe übernimmt die Investitionsrechnung. Bei den verschiedenen Berechnungsmethoden wird zwischen statischen und dynamischen Verfahren unterschieden.

## Statische Investitionsrechnung

Bei den statischen Verfahren ist das Jahr der Investitionsnutzung entscheidend für die Berechnung. Alle durch die Investition betroffenen Aufwendungen und Erträge werden für dieses eine Jahr berechnet, weitergehende Wirkungen werden nicht berücksichtigt. Die Anschaffungsausgaben werden in Abschreibungen umgerechnet, die Zinsen für den gesamten Zeitraum konstant berechnet. Folgende Verfahren werden unterschieden:

Die Kostenvergleichsrechnung vergleicht alternative Investitionsvorschläge auf der Basis durchschnittlicher Jahreskosten. Sie nimmt an, dass die Erträge durch die Wahl des Investitionsvorhabens generell nicht beeinflusst werden. Die Kostenvergleichsrechnung erlaubt eine grobe Einschätzung der Wirtschaftlichkeit, besonders bei Ersatz- und Rationalisierungsinvestitionen.

Bei der Gewinnvergleichsrechnung geht es um den durchschnittlichen Gewinn pro Jahr für eine Investition. Damit lassen sich auch verschiedene Investitionsmöglichkeiten vergleichen. Erträge und Aufwendungen werden immer als konstant angenommen.

> Die Gewinnvergleichsrechnung eignet sich, wenn es um kleine Erweiterungsinvestitionen geht. Sie erlaubt eine gute Einschätzung der Wirtschaftlichkeit.

Die Amortisationsmethode beantwortet die Frage, ab welchem Zeitpunkt sich eine Investition amortisiert. Die Amortisationsdauer kann mit folgender Formel bestimmt werden:

$$\text{Amortisationsdauer} = \frac{\text{Kapitaleinsatz}}{\text{Gewinn} + \text{Abschreibungen}}$$

Bei einer Ersatzinvestition wird in der Formel der Gewinn durch die Kostenersparnis ersetzt.

## Wichtige Größen: Rentabilitätszahlen

Ein weiteres wichtiges Verfahren ist die Rentabilitätsrechnung: Hierbei wird der durchschnittliche Jahresgewinn einer Investitionsalternative zum durchschnittlich gebundenen Kapital ins Verhältnis gesetzt. Die Grundformel lautet:

$$\text{Rentabilität} = \frac{\text{Gewinn} \times 100}{\text{Kapital}}$$

In einer erweiterten Form ist die Rentabilitätsrechnung unter der Bezeichnung Return on Investment (ROI) bekannt geworden. Man bezieht dabei den Jahresumsatz einfach durch eine Erweiterung des Bruchs ein, wodurch sich die Kennzahl in zwei weitere Kennzahlen, den Kapitalumschlag und die Umsatzrentabilität, zerlegen lässt. Auf diese Weise kann der Betriebswirt ersehen, wie sich die Rentabilität des Kapitals steigern lässt: entweder durch eine Erhöhung des Kapitalumschlags und/oder durch eine Steigerung der Umsatzrentabilität.

$$\text{ROI} = \frac{\text{Gewinn}}{\text{Umsatz}} \times \frac{\text{Umsatz}}{\text{Invest.Kapital}} \times 100$$

Statische Verfahren sind nur für eine kurzfristige Betrachtung geeignet. Nur in diesem Fall lassen sich konstante Größen wie z. B. Kosten und Gewinne zuverlässig kalkulieren.

## Dynamische Verfahren

Anders als statische berücksichtigen dynamische Verfahren die zeitlichen Unterschiede zwischen Ausgaben und Einnahmen, rechnen also Zinsen mit ein. Dadurch kann ermittelt werden, ob eine Investition rentabler ist als eine entsprechende Geldanlage am Kapitalmarkt. Je später eine Einnahme zufließt, desto niedriger wird sie in der dynamischen Investitionsrechnung bewertet.

Bei der Kapitalwertmethode werden alle mit der Investition verbundenen Ein- und Auszahlungen durch einen Kalkulationszinssatz auf den Kalkulationszeitpunkt abgezinst. Ist der

Kapitalwert gleich oder größer Null, handelt es sich um eine vorteilhafte Investition. Bei mehreren Alternativen mit positivem Kapitalwert ist das Projekt mit dem höchsten Kapitalwert vorzuziehen.

Bei der Annuitätenmethode wird der Kapitalwert mit Hilfe des Kapitalwiedergewinnungsfaktors in eine Reihe gleich hoher Kapitalrückflüsse (Annuitäten) übertragen.

# Rechnungswesen

Aus rechtlichen und unternehmenspolitischen Gründen ist es erforderlich, sämtliche Vorgänge im Unternehmen zu erfassen und auszuwerten. Einen Großteil dieser Aufgabe übernimmt das betriebliche Rechnungswesen, das sämtliche Verfahren und Regeln umfasst, die einer systematischen Erfassung und Verarbeitung der in Zahlen ausdrückbaren wirtschaftlichen Vorgänge dienen. Der Gesamtkomplex des Rechnungswesens wird im Allgemeinen in folgende vier Teilbereiche untergliedert:

- Finanzbuchhaltung und Jahresabschluss
- Kostenrechnung
- Betriebsstatistik
- Planungsrechnung

## Grundbegriffe des Rechnungswesens

Wenn im Unternehmen gerechnet wird, dann nicht nur mit dem Geld, das eingeht und ausgezahlt wird. Die Sache ist wesentlich komplexer, schon alleine, weil das Steuerrecht hier komplizierte Vorgaben macht. Im Rechnungswesen hat sich daher zur Bezeichnung der verschiedenen Wertbewegungen eine feste Terminologie herausgebildet:

- **Auszahlungen und Einzahlungen: Za**hlungsmittelbeträge, durch die der Bestand an liquiden Mitteln vermindert bzw. erhöht wird. Das ist bei allen Bargeschäften der Fall, z.B. bei Barkauf von Produktionsfaktoren oder beim Barverkauf von Fertigerzeugnissen.

- **Ausgaben und Einnahmen (Erlöse):** Das geldmäßige Äquivalent für den Kauf bzw. Verkauf von Gütern und/oder Dienstleistungen, worunter auch der Bestand an Forderungen und Verbindlichkeiten fällt, z.B. wenn etwas auf Kredit gekauft wurde.

- **Aufwand und Ertrag:** Aufwand ist der gesamte, während einer Abrechnungsperiode verursachte bewertete Verzehr von Gütern und Dienstleistungen. Der Ertrag ist der in einer Periode erwirtschaftete Bruttowertzuwachs einer Unternehmung. Die Periodenbezogenheit macht Abgrenzungen zu den Ausgaben und Einnahmen erforderlich.

### Beispiel

 Wenn Löhne für den Monat Dezember erst im Januar bezahlt werden und Abrechnungsperiode und Kalenderjahr sich decken, dann erfolgt die *Ausgabe* erst im neuen Jahr, obwohl der *Aufwand* noch das alte Jahr betrifft (Rechnungsabgrenzung).

- **Kosten** sind der in Geld bewertete Güterverzehr zur Erstellung der betrieblichen Leistung. Leistungen sind die im Produktionsprozess erstellten und in Geld bewerteten Güter bzw. Dienstleistungen.

Aufwendungen und Erträge sind Begriffe der Finanzbuchhaltung, Kosten und Leistungen sind Begriffe der Kostenrechnung (s. u.). Während die Aufwendungen sämtliche Vorgänge des Güterverzehrs einer Periode erfassen, knüpfen die Kosten nur an die betriebliche Leistungserstellung an. Nur in diesem Bereich decken sich Aufwendungen und Kosten; man spricht von Zweckaufwand und Grundkosten.

# Führt zum Jahresabschluss: die Finanzbuchhaltung

In der Finanz- oder Geschäftsbuchhaltung werden vor allem die Außenbeziehungen der Unternehmung dargestellt. Alle in Zahlenwerten festgehaltenen, wirtschaftlich bedeutsamen Vorgänge werden mit Hilfe von Belegen erfasst und im System der doppelten Buchhaltung chronologisch und systematisch aufgezeichnet. Das wichtigste Ergebnis der Finanzbuchhaltung ist der Jahresabschluss, der aus der Jahresschlussbilanz und der Gewinn- und Verlustrechnung besteht.

## Bereitet den Abschluss vor: Buchhaltung

In der heutigen Wirtschaftspraxis dominiert die doppelte Buchhaltung (auch Doppik). Doppelte Buchführung, weil der Erfolg zweimal ermittelt wird: einmal in der Bilanz durch Gegenüberstellung von Vermögen und Kapital und zum anderen in der Gewinn- und Verlustrechnung durch Gegenüberstellung von Aufwendungen und Erträgen.

Die Geschäftsvorfälle in der Buchhaltung, in der Bilanz und in der Gewinn- und Verlustrechnung müssen nach bestimmten Regeln dargestellt werden, den sog. Grundsätzen ordnungsmäßiger Buchführung (GoB). Der formellen Ordnungsmäßigkeit dienen die Grundsätze der Klarheit und Übersichtlichkeit, zur materiellen Ordnungsmäßigkeit tragen die Grundsätze der Vollständigkeit und Richtigkeit bei. Obwohl der Gesetzgeber den Begriff der GoB nirgendwo definiert hat, verlangt er ihre Einhaltung in verschiedenen Gesetzen (z. B. HGB, Aktiengesetz, Einkommensteuergesetz).

**Beispiel**

 Nach dem Grundsatz der Klarheit sind die Posten gemäß ihrer Art eindeutig zu bezeichnen und übersichtlich zu gliedern.

## Was besagt die Bilanz?

In der Bilanz werden zu einem bestimmten Zeitpunkt Vermögen und Kapital eines Betriebs einander gegenübergestellt. Die Kapital- oder Passivseite (= rechte Seite) zeigt die Herkunft der im Betrieb eingesetzten finanziellen Mittel; die Vermögens- oder Aktivseite (= linke Seite) gibt Aufschluss über deren Verwendung. Auf beiden Bilanzseiten wird also der gleiche Wert dargestellt, aber nach unterschiedlichen Gesichtspunkten. Das Vermögen wird in Anlagevermögen (z. B. Grundstücke, Maschinen) und Umlaufvermögen (z. B. Forderungen) unterteilt. Beim Kapital wird entsprechend seiner

Herkunft in Eigenkapital (einschl. Rücklagen) und Fremdkapital unterschieden. Um eine exakte Abgrenzung des Erfolgs einer Abrechnungsperiode von der folgenden zu ermöglichen, kommen als weitere Bilanzpositionen die Posten der Rechnungsabgrenzung hinzu.

## Aufbau einer Bilanz

| Aktiva | Bilanz zum ... | Passiva |
|---|---|---|
| A. Anlagevermögen | | A. Eigenkapital |
| 1 Immaterielle Vermögensgegenstände | | 1 Gezeichnetes Kapital |
| | | 2 Kapitalrücklage |
| 2 Sachanlagen | | 3 Gewinnrücklage |
| 3 Finanzanlagen | | 4 Jahresüberschuss |
| B. Umlaufvermögen | | B. Rückstellungen |
| 1 Vorräte | | C. Verbindlichkeiten |
| 2 Forderungen | | D. Rechnungsabgrenzungsposten |
| 3 Wertpapiere | | |
| 4 Kassenbestand; Guthaben bei Kreditinstituten | | |
| C. Rechnungsabgrenzungsposten | | |

Der Jahresabschluss erlaubt nach Ablauf des Geschäftsjahrs einen Einblick in die sachliche und finanzielle Struktur der Unternehmung sowie die Größen und Quellen des Erfolgs. Auch die aus der Steuergesetzgebung erwachsenden Aufzeichnungspflichten werden in der Finanzbuchhaltung wahrgenommen. Vielfach wird der handelsrechtlich vorgeschriebene Jahresabschluss so durchgeführt, dass er zugleich den steuerlichen Erfordernissen genügt. Ist dies nicht der Fall, dann muss neben der Handelsbilanz auch eine Steuerbilanz erstellt werden.

> Die Steuerbilanz ist aus der Handelsbilanz abgeleitet. Handelsrechtliche Bilanzierungsgebote und -verböte müssen auch für die Steuerbilanz beachtet werden. Nur wenn zwingende steuerrechtliche Vorschriften andere Wertansätze bestimmen, können die Bilanzansätze von Handels- und Steuerrecht abweichen.

## Was die Gewinn- und Verlustrechnung aussagt

Wie der Geschäftserfolg eines Unternehmens entstanden ist und woraus er sich zusammensetzt, darüber gibt die Gewinn- und Verlustrechnung (GuV) Auskunft. In der GuV werden sämtliche Aufwendungen und Erträge eines Geschäftsjahres einander gegenübergestellt. Wie wir schon gesehen haben, sind ja Aufwendungen und Erträge nur teilweise identisch mit den Ausgaben und Einnahmen (siehe Abschnitt „Rechnungswesen"); deshalb muss durch die Verrechnung von Abschreibungen und die Bildung von Rückstellungen und Rechnungsabgrenzungsposten sichergestellt werden, dass bei der Erfolgsrechnung nur solche Aufwendungen und Erträge berücksichtigt werden, die in der betreffenden Periode verursacht wurden.

## Was besagt der Cashflow?

Die Daten des Jahresabschlusses braucht man auch zur Ermittlung des Cashflow. Diese Zahl benennt die Höhe des Überschusses einer Periode nach Abzug der Kosten, gibt also Auskunft über die Liquiditätslage eines Betriebs. Damit lässt sich prüfen, welche Geldmittel einem Unternehmen für Investitionen, Schuldentilgung und Gewinnausschüttung zur Verfügung stehen. Da der Cashflow die finanzielle Stabilität des Betriebes widerspiegelt, ist er zudem ein wichtiges Kriterium für die Beurteilung der Kreditwürdigkeit.

Die Grundformel zur Berechnung des Cashflow lautet:

Jahresüberschuss (Bilanzgewinn)

+ nicht zahlungswirksame Aufwendungen[1]

− nicht zahlungswirksame Erträge[2]

= Cashflow

[1] Abschreibungen, Zuführung zu Rückstellung;
[2] Auflösung von Rückstellungen

# Macht Kosten transparent: die Kostenrechnung

Die Kostenrechnung erfasst alle im Betrieb anfallenden Kosten, verteilt sie und rechnet sie bestimmten Bereichen zu. Sie dient einerseits der Kontrolle, indem sie den Vergleich von geplanten und tatsächlich angefallenen Kosten ermöglicht, andererseits der Disposition, indem sie durch eine exakte Zurechnung der Kosten auf die Leistungen die notwendigen Unterlagen für die Preispolitik liefert.

Da die Kostenrechnung eine rein innerbetriebliche Angelegenheit ist, bleibt ihre Gestaltung völlig dem Ermessen des Betriebs überlassen. Dennoch wurden natürlich eine Reihe von Kostenrechnungsmethoden entwickelt – ein sehr komplexes Thema, das wir nur in Grundzügen darstellen können.

Kosten können definiert werden als bewerteter, betrieblich bedingter Leistungsverzehr. Die Kostenrechnung befasst sich mit drei zentralen Fragen:

## Traditionelle Bereiche der Kostenrechnung

| Kostenarten-rechnung | Kostenstellen-rechnung | Kostenträger-rechnung |
|---|---|---|
| Welche Kosten-arten sind angefallen? | Wo sind die verschiedenen Kosten angefallen? | Für welche Produkte sind die Kosten ange-fallen? |

### Bildet die Grundlage: die Kostenartenrechnung

Die Kostenartenrechnung dient der vollständigen und systematischen Erfassung sämtlicher bei der Leistungserstellung in einer Periode verzehrten Kostengüter. Sie bildet den Ausgangspunkt für die übrigen Bereiche der Kostenrechnung.

> Eine Kostenart ist der Inbegriff aller Kosten, die sich durch mindestens ein Merkmal von allen anderen Kosten des Betriebes unterscheiden.

Nach der Art der verbrauchten Kostengüter werden fünf Hauptkostengruppen unterschieden:

- Zu den Personalkosten zählen Löhne und Gehälter, gesetzliche Sozialabgaben und freiwillige Sozialleistungen.

- Zu den Kapitalkosten gehören die sog. kalkulatorischen Kostenarten (Zinsen, Abschreibungen, Wagnisse), die durch die Verwendung von Kapital und Nutzung von Kapitalgütern entstehen.

- Die Materialkosten umfassen die beim Verbrauch an Roh-, Hilfs- und Betriebsstoffen anfallenden Kosten.

- Fremdleistungskosten entstehen durch die Inanspruchnahme von Dienstleistungen fremder Betriebe (wie z.B. Transportleistungen, Strom).

- Zu den sonstigen Kosten gehören Steuern und Gebühren.

Nach ihrem Verhalten bei Änderungen des Beschäftigungsgrades werden fixe und variable Kostenarten unterschieden:

- Fixe Kosten entstehen aus der Bereitschaft zur Produktion und bleiben von Beschäftigungsänderungen grundsätzlich unbeeinflusst.

- Variable Kosten entstehen erst durch die Tätigkeit des Betriebs; ihre Höhe hängt also vom Beschäftigungsgrad ab.

### Beispiel

 So sind etwa Gebäudekosten wie Miete oder die Kosten einer Maschine fixe Kosten, Fertigungslöhne oder Fertigungsmaterial hingegen variable Kosten.

Aus der Art der weiteren Verrechnung ergibt sich die Unterscheidung von Einzel- und Gemeinkosten. Einzelkosten (direkte Kosten) können dem Erzeugnis (Kostenträger) unmittelbar zugerechnet werden. Alle Kosten hingegen, die keinem Erzeugnis direkt zugerechnet werden können, bezeichnet man als Gemeinkosten (indirekte Kosten).

## Beispiel

Lohn und Materialkosten in der Fertigung sind typische Einzelkosten: Um Produkt X herzustellen, wird ein gewisses Pensum an Arbeitsstunden sowie ein bestimmter Materialbedarf benötigt. Hingegen sind Kosten für das Intranet die Gehälter der Telefonistin oder des Netzwerkbetreuers typische Gemeinkosten, wie auch die Abschreibungen, Energiekosten, Hilfs- und Betriebsstoffe sowie Steuern.

Die Gemeinkosten müssen anteilsmäßig auf die einzelnen Kostenträger verrechnet werden. Die Grundlage dazu bildet die Kostenstellenrechnung.

## Verteilt Kosten: Kostenstellenrechnung

In der Kostenstellenrechnung werden die nach Kostenarten gegliederten Gemeinkosten auf die Kostenstellen verteilt, in denen sie angefallen sind.

Kostenstellen sind abgegrenzte Verantwortungsbereiche, für die Kosten gesondert ermittelt werden, um sie anschließend verursachungsgerecht mit Hilfe geeigneter Schlüsselgrößen den Kostenträgern zuzurechnen.

Neben der genaueren Zurechnung der Gemeinkosten auf die Kostenträger hat die Kostenstellenrechnung auch die Aufgabe zu kontrollieren, ob die einzelnen Kostenstellenbereiche wirtschaftlich arbeiten.

Außerdem werden in der Kostenstellenrechnung die sog. innerbetrieblichen Leistungen verrechnet. Innerbetriebliche Leistungen sind betriebliche Leistungen, die im Gegensatz zu den für den Absatz bestimmten Fertigerzeugnissen für den eigenen Betrieb bestimmt sind.

## Beispiel

 Selbst erstellte Anlagen oder Werkzeuge, Transportleistungen, eigene Stromerzeugung, aber auch die Leistungen der Verwaltungs- und Vertriebsabteilung zählen zu den innerbetrieblichen Leistungen.

Die Durchführung der Kostenstellenrechnung geschieht zumeist mit Hilfe eines Betriebsabrechnungsbogens (BAB). Der BAB ist ein Kostenverteilungsblatt, das in der Vertikalen die Kostenarten und in der Horizontalen die Kostenstellen enthält. Man unterscheidet Haupt- und Hilfskostenstellen. Hauptkostenstellen rechnen den Fertigungsprozess für Haupterzeugnisse ab und können unmittelbar den Kostenträgern zugerechnet werden. Hilfskostenstellen dienen nur mittelbar der Gütererzeugung; sie erbringen Leistungen für andere Kostenstellen (z. B. innerbetriebliche Leistungen wie die Personalabteilung), deren Kosten auf die Hauptkostenstellen umgelegt werden müssen.

## Mit der Kostenträgerrechnung wird kalkuliert

Den Abschluss der gesamten Kostenrechnung bildet die Kostenträgerrechnung – entweder in Form einer Kalkulation (Kostenträgerstückrechnung) oder in Form der Kostenträgerzeitrechnung (siehe nächstes Kapitel).

Kostenträger sind die selbstständigen Endprodukte, d. h. diejenigen Leistungseinheiten, denen die Kosten verursachungsgemäß zugerechnet werden.

In der Kostenträgerstückrechnung oder Kalkulation werden die Kosten für eine Leistungseinheit oder Leistungsgruppe ermittelt. Dabei werden die Einzelkosten direkt und die Gemeinkosten indirekt mit Hilfe der in der Kostenstellenrechnung gewonnenen Gemeinkostenzuschläge verrechnet. Je nachdem, wie die Kostenverrechnung auf die Kostenträger erfolgen soll, kann man zwischen Divisions- und Zuschlagskalkulation wählen.

- Bei der **Divisionskalkulation** in ihrer einfachsten Form werden die gesamten Kosten eines Abrechnungszeitraums durch die Anzahl der in diesem Zeitraum hergestellten Produkte dividiert, um die Kosten je Stück zu erhalten. Dieses Verfahren ist nur für Einproduktbetriebe und unter bestimmten Voraussetzungen sinnvoll und daher praktisch sehr begrenzt. In einer zweistufigen Form wird zumindest noch zwischen Herstellkosten auf der einen und Verwaltungs- und Vertriebskosten auf der anderen Seite unterschieden.

- Bei der **Zuschlagskalkulation** erfolgt hingegen eine scharfe Trennung in Einzel- und Gemeinkosten; Erstere werden den Kostenträgern direkt zugerechnet, Letztere werden anteilmäßig mit Hilfe von Schlüsseln und Zuschlagssätzen verteilt.

In der Praxis dominiert die sog. differenzierte Zuschlagskalkulation, bei der die Gemeinkosten gruppenweise zusammengefasst und entsprechende Zuschlagssätze gebildet werden.

## Kurzfristige Erfolgsrechnung

Mit der Kostenträgerzeitrechnung oder kurzfristigen Erfolgsrechnung sollen die Erfolge der betrieblichen Leistungserstellung (Betriebsergebnis) einer Abrechnungsperiode (z. B. eines Monats) durch Gegenüberstellung der für einen Kostenträger ermittelten Kosten und Erlöse festgestellt werden. Man unterscheidet hier:

- **Gesamtkostenverfahren**: Die Erlöse einer Periode werden um die Gesamtkosten der in dieser Periode erstellten Leistungen vermindert. Da Produktion und Absatz einer Periode in der Regel nicht übereinstimmen, müssen, um das endgültige Betriebsergebnis zu erhalten, Bestandserhöhungen an Halb- und Fertigfabrikaten hinzuaddiert bzw. Bestandsverminderungen subtrahiert werden.

- **Umsatzkostenverfahren**: Hier werden hingegen den Verkaufserlösen nur die Herstellkosten der abgesetzten Betriebsleistungen zuzüglich der angefallenen Verwaltungs- und Vertriebsgemeinkosten und der Sondereinzelkosten des Vertriebs gegenübergestellt.

## Teilkostenrechnung schlägt Vollkostenrechnung

Nach dem Umfang der verrechneten Kosten wird zwischen Vollkostenrechnung und Teilkostenrechnung unterschieden. Hier wollen wir Sie nur auf die prinzipiellen Unterschiede hinweisen.

Bei der Vollkostenrechnung werden die Kosten in vollem Umfang auf die Kostenträger verrechnet. Eine exakte, verursachungsgerechte Zurechnung aller Gemeinkosten auf die Kostenträger ist nicht möglich. Außerdem ist der preispolitische Spielraum wegen des Prinzips der Vollkostendeckung nur gering, da er nur die Gewinnspanne und nicht die fixen

Kosten umfasst. Diesen Nachteilen versuchen die verschiedenen Verfahren der Teilkostenrechnung (z.B. Deckungsbeitragsrechnung, Direct Costing, Marginalkostenrechnung) zu begegnen. Zwar werden wie bei der Vollkostenrechnung alle Kosten erfasst, jedoch nur teilweise auf die Kostenträger verrechnet.

Beim Direct Costing wird in beschäftigungsunabhängige (fixe) und beschäftigungsabhängige (variable) Kosten unterteilt. Zwischen den beschäftigungsabhängigen Kosten und dem Beschäftigungsgrad wird Proportionalität unterstellt, d.h. die variablen Kosten je Leistungseinheit sind konstant. Aus der Differenz zwischen dem Erlös und den proportionalen Kosten je Kostenträger ergibt sich der sog. Deckungsbeitrag, der den Anteil jedes Kostenträgers am Gewinn und an der Abdeckung der fixen Kosten darstellt. Aus dem Vergleich der Summe der Deckungsbeiträge einer Periode mit den gesamten fixen Kosten kann das Periodenergebnis ermittelt werden. Für die Kalkulation ergibt sich daraus der Vorteil, dass der preispolitische Spielraum neben der Gewinnspanne auch die fixen Kosten umfasst. Eine wesentliche Voraussetzung für den Erfolg der Teilkostenrechnung ist die exakte Auflösung der Kosten in fixe und variable Bestandteile.

## Wozu Betriebsstatistik?

Die Betriebsstatistik hat im Wesentlichen unterstützende Funktion für die übrigen Teile des Rechnungswesens. Sie wertet neben den Daten der Finanzbuchhaltung und Kostenrechnung alle sonstigen für das Betriebsgeschehen relevanten Erscheinungen aus.

## Beispiel

 Das können Informationen etwa aus dem Personalbereich sein, aber auch externe Zahlenwerte, etwa aus der Marktforschung.

Was die Betriebsstatistik erarbeitet, steht den Entscheidungsträgern in Form von Graphiken, Tabellen, Zeitreihen oder Kennzahlen zur Verfügung. Mit diesem Instrumentarium können längerfristige Entwicklungen oder Beziehungen und Zusammenhänge zwischen betrieblichen Größen kenntlich gemacht werden. Wie die anderen Zweige des Rechnungswesens dient auch die Betriebsstatistik der unternehmerischen Kontrolle, Planung und Disposition.

# Was passiert im Controlling?

Hinter dem Controlling vermuten viele eine Abteilung, die besonders viel Macht im Unternehmen hat – in ihr geht es scheinbar um nichts anderes als harte Zahlen und Kosten. Das ist natürlich nicht ganz falsch, doch ist Controlling im betriebswirtschaftlichen Sinn weitaus mehr.

Der Begriff geht auf das englische Verb „to control" zurück, das mit „überwachen" und „kontrollieren", aber auch mit „lenken", „steuern" und „planen" übersetzt werden kann.

Controlling ist in der Tat ein funktionsübergreifendes, koordinierendes Steuerungsinstrument, ein Konzept der Unternehmensführung, das das Management bei seinen unternehmerischen Entscheidungen unterstützt.

Es umfasst die vier Hauptaufgaben:

- Planung
- Information
- Überwachung (Analyse/Kontrolle)
- und Steuerung

und stellt ein System von Plänen und Regelkreisen zur Verfügung, mit dem das Unternehmen schrittweise und systematisch zu den geplanten Zielen geführt werden kann.

Wenn man es in konkrete Arbeitsschritte übersetzt, bedeutet Controlling:

- Unternehmensziele werden in Pläne und Budgets umgesetzt.
- Im Soll-Ist-Vergleich werden Abweichungen festgestellt.
- Die Abweichungen werden untersucht und darüber Bericht erstattet (Erkennen von Krisensignalen, Analyse der Ursachen).
- Es erfolgen bei Störungen Vorschläge zur Gegensteuerung (z.B. durch Planänderungen oder verbesserte Durchführung der bisher geplanten Maßnahmen).

Controlling ist also wesentlich umfassender als der deutsche Begriff Kontrolle. Kontrolle ist lediglich eine Teilfunktion des Controlling. Sie ist ausschließlich vergangenheitsorientiert, während Controlling zusätzlich auch gegenwarts- und zukunftsorientiert ist.

# Controlling setzt auf verschiedene Zeithorizonte

Je nach Zeithorizont wird zwischen dem operativen und dem strategischen Controlling unterschieden.

Das operative Controlling ist ein kurzfristig wirksames Instrument. Es hat im Wesentlichen die Aufgabe, die Unternehmenssteuerung innerhalb eines Geschäftsjahres durchzuführen. Im Vordergrund steht die Gewinnsteuerung.

Eine detaillierte operative Planung baut auf Teilplänen (Budgets) auf. Die einzelnen Abteilungen erhalten diese in Form von Vorgaben über durchzuführende Maßnahmen und angestrebte Ziele. Die Grundlage für die folgenden Budgets bilden zumeist die Absatz- und Umsatzplanung. Durch eine laufende Analyse der Abweichungen zwischen Ist und Soll wird die Basis für Gegensteuerungsmaßnahmen geschaffen. Auf diese Weise soll auch bei Abweichungen vom Monatsziel dennoch eine Erreichung des Jahresgesamtziels möglich werden. Erst wenn dies nicht gelingt, muss die Jahres-Gesamtplanung neu formuliert werden.

Das strategische Controlling beschäftigt sich mit der langfristigen Zukunftssicherung des Unternehmens unter Berücksichtigung der gesellschaftlichen, politischen, wirtschaftlichen und technologischen Entwicklungen der Umwelt. Als Zeithorizont kommen Zeiträume von drei bis zehn Jahren infrage. Das strategische Controlling umfasst analysierende und planende Aktivitäten, die darauf gerichtet sind, die Unternehmung im Markt und im Wettbewerb mit der Konkurrenz lebensfähig zu erhalten. Vereinfacht kann man sagen, die Hauptaufgabe des strategischen Controllings besteht darin, Probleme zu erkennen und zu lösen, bevor sie Realität geworden sind.

> Operatives und strategisches Controlling beruhen auf gegenseitigen Erkenntnissen und dürfen nicht getrennt betrachtet werden.

# Mit der Planung werden Ziele definiert

Unternehmenssteuerung ist nur möglich, wenn den Entscheidungsträgern konkrete Ziele bekannt sind.

Das übergeordnete strategische Ziel einer Unternehmung ist die langfristige Existenzsicherung. Die strategische Planung versucht nicht das Tagesgeschehen zu planen, sondern will vielmehr grundsätzliche Chancen und Möglichkeiten des Unternehmens ausarbeiten. Die Pläne sollen weniger Details als vielmehr Richtungsvorgaben und Grundsatzentscheidungen enthalten (z. B. Erschließung neuer Märkte, Produktinnovationen, Ausbau der Vertriebswege). Daher kann es sich immer nur um eine Grobplanung handeln, in die Erkenntnisse der operativen Planung einfließen. Wie die operative wird auch die strategische Planung ständig überarbeitet, in der Regel im Turnus eines Jahres.

Die operative Planung richtet sich dagegen auf Ergebnisse und die Liquidität. Im Idealfall stellen alle Abteilungen Pläne für die von ihnen zu erbringenden Leistungen und die dabei anfallenden Kosten auf. Diese Pläne werden zu einer Gesamtplanung für das folgende Jahr zusammengefasst.

# Kontrolle: Ist eingetreten, was eintreten sollte?

Die Überwachung beinhaltet zwei Teilaufgaben: die Kontrolle und die Analyse.

Zunächst wird überprüft, ob die eingetretenen Ergebnisse mit den geplanten Größen übereinstimmen. Das wichtigste Instrument des Controlling (vor allem des operativen) hierfür ist der Soll-Ist-Vergleich. Dabei werden die von der operativen Planung aufgestellten Planwerte (Soll) in regelmäßigen Abständen mit den tatsächlichen Werten (Ist) verglichen. Je früher Abweichungen erkannt werden, umso besser.

Wenn Abweichungen zutage treten, geht es an die Ursachenanalyse. Die Ergebnisse werden den Verantwortlichen zur Verfügung gestellt, damit diese sinnvolle Korrekturmaßnahmen einleiten können.

Als Kontrollzeitraum bietet sich für das operative Controlling ein monatlicher Rhythmus an. Kürzere Intervalle (etwa im Wochentakt) sind zu stark schwankungsanfällig. Intervalle von mehr als einem Monat Dauer sind deshalb problematisch, weil dann bereits viel Zeit für wirksame Korrekturmaßnahmen verstrichen ist.

# Mit der Steuerung aufs Ziel zuhalten

Um die in der Planung aufgestellten und durch die Kontrolle überprüften Ziele zu erreichen, müssen Steuerungsmaßnahmen eingeleitet werden. Hierdurch sollen entstandene Abweichungen frühzeitig ausgeglichen und die gesetzten Ziele doch noch erreicht werden. Im anderen Fall müssen die Pläne angepasst werden.

Dies zeigt, dass die Teilbereiche des Controlling miteinander verbunden sind und einen Regelkreis bilden, der sich selbst steuert und die Zielerreichung ermöglicht. Ebenso müssen das operative und das strategische Controlling aufeinander bezogen werden; die strategische Ausrichtung des Unternehmens muss aufgrund der eventuellen Plankorrekturen im operativen Teil neu bestimmt werden.

## Information: Ohne Berichte geht nichts

Wichtig ist natürlich, dass die Entscheidungsträger ihre Zahlen rechtzeitig erhalten, um überhaupt noch gegensteuern zu können. Der Informationsfluss reicht dabei von Verkaufsberichten (Absatz-/Umsatzzahlen) bis hin zu den Auswertungen durch die Controllingabteilung, die in Form von Reports an die Geschäftsführung bzw. die Kostenverantwortlichen gehen. Der Aufbau eines funktionsfähigen Informationssystems geschieht in Zusammenarbeit mit dem Finanz- und Rechnungswesen. Ein wichtiges Instrument hierfür ist heute das Intranet bzw. die Netzwerkumgebung.

# Werkzeuge des Controlling

Beim Handwerkszeug zum operativen Controlling handelt sich um Instrumente, die zumeist in Geldgrößen ausgedrückte Informationen über geplante und durchgeführte Maßnahmen liefern. Hauptinformationsquelle ist ein gut ausgebautes Finanz- und Rechnungswesen.

Die Daten der Kostenrechnung werden bei der Überwachung von Kosten und Leistungen, zur Wirtschaftlichkeitskontrolle oder zur Betriebsergebnisrechnung herangezogen. Die Deckungsbeitragsrechnung dient als Entscheidungshilfe bei der Ermittlung von Preisuntergrenzen, bei der Produktionsprogrammplanung oder bei der Entscheidung zwischen Eigenfertigung und Fremdbezug.

Wichtige betriebswirtschaftliche Instrumente des operativen Controlling sind:

- ABC-Analyse
- Break-Even-Analyse
- Kurzfristige Erfolgsrechnung
- Investitionsrechnung
- Cashflow
- ROI-Analyse

## ABC-Analyse

Die ABC-Analyse wird genutzt, um Wesentliches von Unwesentlichem zu unterscheiden. Sie folgt der 80-20-Regel: Häufig werden 80 % bestimmter Ergebnisse oder Ereignisse von nur 20 % der Ursachen hervorgerufen. In diesen Fällen ist es sinnvoll, die Planungstätigkeiten auf diese 20 % der Ursachen zu konzentrieren, da so die größten Effekte mit niedrigem Aufwand erzielt werden können.

**Beispiel**

 Wenn ein Unternehmer wissen möchte, auf welche Kunden er sich konzentrieren soll, untersucht er mit der ABC-Analyse die Umsatzzahlen aller Kunden.

## Break-Even-Analyse

In der Break-Even-Analyse werden Zusammenhänge zwischen Kosten, Umsatz und Gewinn aufgezeigt. Der Break-Even-Point ist jener Punkt, bei dem der Gewinn des Unternehmens Null ist, d.h. das Unternehmen sich gerade beim Übergang von der Verlustzone in die Gewinnzone befindet. Voraussetzung für die Anwendung ist eine genaue Aufteilung der Gesamtkosten in fixe und in variable Kosten.

Auch im strategischen Controlling wurden eine Reihe von Instrumenten entwickelt. Hier nur ein kleiner Ausschnitt:

## Szenario-Technik

Sie ist eine Ziel- und Strategiefindungsmethode bei der, von einer vorgegebenen Situation ausgehend, zukünftige Konstellationen als Abfolge hypothetischer Ereignisse in einem bestimmten Zeitraum durchgespielt werden. Damit bietet diese Technik die Chance, einmal über den unternehmensindividuellen Planungshorizont hinauszuschauen und die Umwelt in die Planung mit einzubeziehen.

## Entwicklung von strategischen Geschäftseinheiten

Wenn in einem Unternehmen verschiedene Geschäftsfelder vorhanden sind, kann es notwendig sein, trotz einer einheitlichen Unternehmenszielsetzung unterschiedliche Strategien für diese Geschäftsfelder (Wege, die zum Ziel führen) zu entwickeln.

## Portfolio-Analyse

Verfolgt das Ziel, die optimalen Produkt-Kombinationen zu verwirklichen und somit für das jeweilige Marktsegment des Unternehmens die beste Positionierung zu erzielen und dadurch die Marktanteile auszubauen. Das Portfolio-Konzept zeigt auf, welche Geschäfte entscheidende Wettbewerbsvorteile aufweisen, Investitionschancen bieten und in welchen Mängel vorzufinden sind.

Man geht dabei so vor, dass mehrere Objekte einander qualitativ gegenübergestellt, nach zwei Kriterien bewertet und in einem Achsenkreuz eingetragen werden. Auf diese Weise wird eine große Zahl numerischer Daten verdichtet und überschaubar dargestellt. Aus der Darstellung lassen sich z.B. die Ist-Situation, die Entwicklungsmöglichkeiten und angestrebte Ziele für ein Vorhaben ableiten.

## Balanced Scorecard

Die Balanced Scorecard („ausgewogener Berichtsbogen") ermöglicht eine an der Unternehmensvision und -Strategie ausgerichtete Planung und Steuerung. Die Grundidee besagt, dass neben finanziellen Zielen auch nichtmonetäre Größen im Steuerungskonzept der Unternehmung integriert werden:

die Kundenperspektive, die Perspektive der internen Geschäftsprozesse und die Lern- und Entwicklungsperspektive.

- In der Finanzdimension gelten nach wie vor die traditionellen Kennzahlen (z. B. × % jährliches Umsatzwachstum; × % Produktivitätssteigerung gegenüber dem Vorjahr; Verdoppelung des Cashflow innerhalb von 5 Jahren).

- In der Kundendimension werden die für das Unternehmen wesentlichen Kunden- und Marktsegmente festgelegt (z. B. jährliche Steigerung des Marktanteils um × %, Erhöhung des Neukundenanteils um × %).

- Die Geschäftsprozessdimension richtet sich auf die Optimierung der internen Prozesse, von der Produktentwicklung bis zur Abwicklung der Zahlungsprozesse (z. B. Verkürzung der Innovationszeiträume um × %; Verringerung der Durchlaufzeiten in der Produktion).

- Die Dimension Lernen und Wachstum richtet sich auf die Entwicklung und Motivation der Mitarbeiter sowie die Informationssysteme. Diese Dimension lässt sich nur schwer in Kennziffern beschreiben (z. B. Mitarbeiterzufriedenheit durch die Fluktuationsrate; Verbesserung der Qualifikation durch Steigerung der Mitarbeiterproduktivität).

# Marketing

Was nützen die schönsten Produkte, wenn sie nicht verkauft werden? Das Marketing tut alles dafür – mit kurzfristigen Maßnahmen und langfristigen Strategien.

In diesem Kapitel lesen Sie,

- in welche Teilbereiche sich ein Marketingplan gliedert,
- welche Daten die Marktforschung liefert,
- welche Marketingstrategien es gibt und
- wie ein Marketing-Mix aussieht.

# Denken vom Markt her

Der Absatz bildet die Endphase des güterwirtschaftlichen Prozesses. Er stellt eine betriebliche Grundfunktion dar, die sämtliche dispositiven und ausführenden Tätigkeiten umfasst, die zur marktmäßigen Verwertung der im Beschaffungs- und Produktionsprozess erstellten Leistungen erforderlich sind. In einem ähnlichen Sinn wird im Allgemeinen auch der Begriff Vertrieb gebraucht.

> Unter dem Begriff Vertrieb werden alle Aktivitäten in einem Unternehmen verstanden, die zur Öffnung, Bedienung und Sicherung des Marktes erforderlich sind. Funktional gesehen ist der Vertrieb der marktorientierte Unternehmensbereich, welcher für den Absatz der Produkte und Leistungen verantwortlich ist.

In einer engeren Auslegung wird mit Absatz der Wert oder die Menge der in einer Periode abgesetzten Güter bezeichnet; in diesem Fall werden die Begriffe Absatz und Umsatz identisch verwendet. Manchmal werden auch die Begriffe Absatz und Verkauf gleichgesetzt, obwohl der Verkauf nur einen Teil des Absatzprozesses umfasst: Hier werden alle operativen Tätigkeiten für die Beratung, Bedienung und Betreuung des Marktes durchgeführt. Dies kann sowohl vor Ort beim Kunden durch den Außendienst als auch direkt, durch den Innendienst erfolgen.

## Der Marketingbegriff geht weiter

Der Begriff Marketing stammt aus dem Amerikanischen. Anfänglich wurde Marketing als Sammelbegriff für alle Aufgaben und Einrichtungen verstanden, die mit der Zuführung der Erzeugnisse vom Produzenten zum Konsumenten in Zusammenhang standen. Diese Definition des Begriffs „Marketing" deckt sich weitgehend mit dem Begriff „Absatz".

Nach der neueren, weiteren Auffassung wird Marketing als Inbegriff einer marktorientierten Unternehmenspolitik gesehen. Demnach sind sämtliche unternehmerischen Aktivitäten nach den Gegebenheiten des Marktes auszurichten. Darin zeigt sich ein wichtiger Wandel in der unternehmerischen Denkweise: Zwar sind auch stets die Verhältnisse in der Produktion zu berücksichtigen, aber letztlich sollten, insbesondere bei grundlegenden Entscheidungen, doch immer marktbezogene Überlegungen entscheidend sein.

Zeitlich fällt die Einführung des Marketingbegriffs etwa zusammen mit dem Wandel vom Verkäufermarkt zum Käufermarkt:

- Beim Käufermarkt sind die Nachfrager in einer starken Position, weil zum herrschenden Preis die angebotene Warenmenge größer ist als die nachgefragte Menge. Damit besteht eine Tendenz zur Preissenkung. Die Käufer (Verbraucher) können aus vielen Angeboten auswählen.

- Ein Verkäufermarkt liegt bei umgekehrten Verhältnissen vor.

> Marketing erstreckt sich als Querschnittsfunktion über alle Abteilungen und Hierarchieebenen.

# Wie der Absatzprozess verläuft

Am Beginn des Absatz- oder Marketingprozesses steht die Beschaffung und Bereitstellung der für die Absatzentscheidungen notwendigen Daten und Informationen. Dazu zählen gleichermaßen interne und externe Informationen. Wichtigste interne Informationsquelle ist das Rechnungswesen. Externe Marktdaten werden im Rahmen der Marktforschung gewonnen.

Als nächste Stufe des Absatzprozesses folgt die Absatzplanung. Sie hat die Aufgabe, den künftigen Absatz der Unternehmung und die zu seiner Erzielung einzusetzenden Maßnahmen sowie die daraus erwachsenden Kosten für einen bestimmten Zeitraum festzulegen. Der gesamte Absatzplan kann danach in drei Teilpläne untergliedert werden:

- Der **Verkaufsplan** (auch Absatzmengenplan oder Umsatzplan) legt die für die Planperiode vorgesehenen konkreten Absatzziele fest.

- Der **Verkaufsförderungsplan** (auch Aktionsprogrammplan) bestimmt die zur Erreichung der Absatzziele notwendigen absatzpolitischen Instrumente.

- Der **Vertriebskostenplan** erfasst die bei der Durchführung des Absatzes voraussichtlich entstehenden Vertriebskosten.

Je nach der Fristigkeit der Absatzplanung wird es sich mehr um eine globale Festlegung der einzuschlagenden Marktstrategie für die nächsten fünf bis zehn Jahre (langfristige Absatzplanung) oder um eine detaillierte Angabe der in naher Zukunft verfolgten absatzpolitischen Ziele (kurzfristige Absatzplanung) handeln.

> Die Absatzplanung bildet häufig den Ausgangspunkt für die gesamte Unternehmungsplanung. Das erklärt sich aus der mit dem Begriff Marketing umschriebenen Ausrichtung aller Unternehmungsbereiche nach den Gegebenheiten des Marktes.

Als weiterer Schritt des gesamten Absatzprozesses folgt die eigentliche Absatzdurchführung, zu der die endgültigen Verkaufsabschlüsse, die Auftragsabwicklung und die damit zusammenhängenden finanziellen Transaktionen gehören.

# Was die Marktforschung untersucht

Die Marktforschung widmet sich systematisch der Untersuchung des Markts, um den gegenwärtigen und zukünftigen Informationsbedarf eines Unternehmens hinsichtlich marktbezogener Entscheidungen zu decken. Dazu werden Informationen über Märkte, Marktteilnehmer und Rahmenbedingungen gesammelt, aufbereitet und interpretiert. Hierdurch soll letztlich eine professionelle marktorientierte Unternehmensführung unterstützt werden.

Wenn sich die im Rahmen der Marktforschung gewonnenen Informationen auf einen bestimmten Zeitpunkt beziehen, dann spricht man von Marktanalyse; sollen die Veränderungen und Entwicklung der Märkte im Zeitablauf festgehalten werden, dann handelt es sich um eine Marktbeobachtung.

## Ökoskopische und demoskopische Marktforschung

Die ökoskopische Marktforschung, ein Bereich der empirischen Wirtschaftsforschung, hat die Untersuchung objektiver und ökonomisch relevanter Marktgrößen (z. B. Marktpotenzial, Marktvolumen und Marktanteil) und der zwischen diesen Größen bestehenden Abhängigkeiten zum Gegenstand. Das Marktpotenzial ist die maximal mögliche Gesamtabsatzmenge eines Produkts auf einem Markt. Das Marktvolumen ist der realisierte gegenwärtige Gesamtabsatz aller Anbieter. Der Marktanteil ist der Anteil eines Anbieters am Marktvolumen.

Die demoskopische Marktforschung ist auf die Handlungssubjekte in ihrer Funktion als Marktteilnehmer bezogen und gehört dem Bereich der empirischen Sozialforschung an. Gegenstand der demoskopischen Marktforschung können objektive (äußerlich wahrnehmbare) und subjektive (innere, psychische) Merkmale sein.

### Beispiel

Herr Karl kauft ein Mineralwasser der Marke X. Den Marktforscher interessieren dann vielleicht sein Alter und Familienstand, aber auch soziographische Gegebenheiten wie sein Beruf, sein Einkommen, seine Besitz- oder Wohnverhältnisse (objektive Merkmale).

Mit seinem Wissen um die Existenz der gewährten Marke, der Wahrnehmung einer zugehörigen Werbebotschaft und der Vorstellung, wie das Mineralwasser zu schmecken hat, liefert Herr Karl Informationen über subjektive Merkmale – vorausgesetzt er wird danach gefragt. Aber auch, wenn er seine nächsten Anschaffungsabsichten, Wünsche, z. B. nach einem eigenen Haus und Strebungen (Instinkte, Gefühle, Triebe usw.) preisgeben würde, hätte er dem Marktforscher subjektive Merkmale geliefert.

# Wie die Daten gewonnen werden

Ein Marktforscher hat prinzipiell zwei Möglichkeiten, nach Daten zu forsten: Er greift auf bereits vorhandene Daten zurück, die für andere oder ähnliche Zwecke im Unternehmen oder von Dritten erhoben wurden (Sekundärforschung). Typische Datenquellen dafür sind beispielsweise Veröffentlichungen und Datenaufzeichnungen von Verlagen, Verbänden, Kammern, statistischen Ämtern und wissenschaftlichen Institutionen. Oder er erhebt die benötigten Daten selbst bei den Verbrauchern: mittels Beobachtung oder Befragung (Primärforschung, Feldforschung).

> Die Sekundärforschung hat den Vorteil einer schnellen Informationsbeschaffung bei niedrigen Kosten. Die durch Primärforschung gewonnenen Informationen sind aktueller und können genau auf den bestehenden Informationsbedarf zugeschnitten werden.

## Verbraucher befragen und beobachten

Bei der Befragung müssen sich (evtl. ausgewählte) Personen zu bestimmten, vom Fragesteller vorgegebenen Sachverhalten äußern, entweder schriftlich oder im Interview. Im Gegensatz zur Befragung ist die Beobachtung nicht auf die Auskunftsbereitschaft der erhobenen Personen angewiesen, werden doch dabei einfach sinnlich wahrnehmbare Phänomene systematisch erfasst, zum Beispiel wie sich die Käufer beim Einkauf im Supermarkt verhalten.

Eine besondere Form der Befragung und Beobachtung ist das Panel. Ein Panel ist ein gleich bleibender, repräsentativer Personenkreis, der über längere Zeit hinweg regelmäßig über denselben Sachverhalt befragt wird.

- Beim Haushaltspanel verpflichtet sich eine größere Anzahl von Haushalten, über den Einkauf ausgewählter Waren Buch zu führen und in regelmäßigen Abständen darüber zu berichten.

- Beim Einzelhandelspanel werden in ausgewählten Einzelhandelsgeschäften in bestimmten Zeitabständen die Veränderungen in den Lagerbeständen beobachtet.

- Beim sog. Fernsehpanel werden die Einschaltquoten von mehreren tausend repräsentativ ausgesuchten Haushalten ermittelt.

Nur in Ausnahmefällen werden bei der Marktforschung Vollerhebungen durchgeführt, d. h. alle betroffenen Personen angesprochen. Zumeist muss eine repräsentative Auswahl getroffen werden, entweder nach dem Zufallsverfahren oder durch Stichproben (Quotenverfahren).

# Marketingstrategien

Jedes Unternehmen hat langfristige, am Markt orientierte Ziele. Wie diese Ziele erreicht werden sollen, legt es in seinen Marketingstrategien fest. Damit stellt es einen Orientierungsrahmen für die zielgerechte Ausrichtung und Kanalisierung von operativen Marketingmaßnahmen auf.

Grundlage für die Strategieformulierung sind eine umfassende Analyse und Prognose der internen und externen Ist-Situation sowie klare Marketingziele.

Generell kann man im Marketing zwischen Basis- und Instrumentalstrategien unterscheiden.

- Basisstrategien legen den grundsätzlichen Handlungsrahmen für Marketingentscheidungen und -aktivitäten auf der Unternehmens- und Geschäftsfeldebene fest. Sie haben konstitutiven Charakter und sind damit kurzfristig nicht oder sehr schwierig zu verändern.

- Instrumentalstrategien stellen sicher, dass die grundsätzlichen strategischen Entscheidungen auf der Unternehmens- und Geschäftsfeldebene auch in den operativen Marketingaktivitäten ihren Niederschlag finden. Die einzelnen Instrumentalstrategien sind dabei Gegenstand der jeweiligen Marketing-Mix-Bereiche.

# Was der Marketing-Mix beinhaltet

Zur Erreichung der angestrebten Absatzziele stehen zahlreiche Instrumente zur Verfügung. Sie werden unter dem Begriff „absatzpolitisches Instrumentarium" oder „Marketing-Mix" zusammengefasst. Damit wird festgelegt, welche Teile des absatzpolitischen Instrumentariums zu einem bestimmten Zeitpunkt für eine bestimmte Zielgruppe genutzt werden sollen. Im angelsächsischen Sprachbereich wird dieses Instrumentarium durch die klassischen vier „P's" umschrieben:

- *product* (Produkt- und Sortimentspolitik)
- *price* (Preis- und Konditionenpolitik)
- *place* (Distributionspolitik)
- *promotion* (Kommunikationspolitik).

# Produkt- oder Sortimentspolitik

Die Produktpolitik umfasst alle Maßnahmen, die sich auf die
Gestaltung von Art und Beschaffenheit der angebotenen Produkte beziehen. Von der Gestaltung der Erzeugnisse und der
Zusammensetzung der Sortimente bzw. Produktionspro-
gramme können wesentliche akquisitorische Wirkungen ausgehen. Zu den wichtigsten produktpolitischen Ansatzpunkten
zählen:

- Produktinnovation, d.h. die Suche und Prüfung von Pro-
  duktideen sowie die Gestaltung und Erprobung neuer Produkte;

- Produktvariation durch Produktdifferenzierung (z.B. Qualität, Form- und Farbgebung, Gestaltung der Verpackung);

- Produktdiversifizierung, d.h. eine bewusste Ausweitung
  des Leistungsprogramms unter Beibehaltung der bisheri-
  gen Schwerpunkte;

- Produktelimination, d.h. Aussonderung von Produkten aus
  dem Angebot.

Ein Unternehmen verfügt über eine „unique selling position"
(USP), wenn es gelingt, eine einzigartige Produkteigenschaft
besonders herauszustellen (z.B. „Schlankheit" bei bestimmten
Margarineerzeugnissen). Wegen der geringen Qualitätsunter-
schiede vieler Produkte fällt es vielen Unternehmen allerdings
schwer, erfolgreiche USP zu finden. Deshalb werden die
tatsächlichen Produktvorteile häufig durch künstlich geschaf-
fene ersetzt (z.B. „Der Duft der großen weiten Welt"). Die
Produktpolitik des Handels ist die Sortimentspolitik. Um sich

von den Sortimenten der Konkurrenz abzuheben und sich an die Wünsche der potenziellen Kunden anzupassen, gilt es zwischen den grundsätzlichen sortimentspolitischen Alternativen Sortimentstiefe (Anzahl Artikel), Sortimentsbreite (Warenarten) und Sortimentshöhe (Qualitätsniveau) zu entscheiden. Dabei ist zu beachten, dass mit der Wahl einer bestimmten Betriebsform häufig eine Vorentscheidung über die Gestaltung des Sortiments getroffen wurde.

Die Produktpolitik wird durch die Servicepolitik (Kundendienstpolitik) ergänzt. Dabei werden dem Kunden zusätzliche Dienstleistungen vermittelt, die mit dem Verkauf der Erzeugnisse in keinem unmittelbaren Zusammenhang stehen. Bei den Kunden werden Präferenzen geschaffen, durch die sie stärker an die Unternehmung oder ein bestimmtes Erzeugnis gebunden werden sollen. Zu den Serviceleistungen zählen u.a. Information und Beratung (z.B. durch besonders gut geschultes Personal), Wartungs- und Reparaturdienste, Umtauschrecht, Gewährleistungsansprüche, Lieferung frei Haus oder die Bereitstellung von Kundenparkplätzen.

# Preis- und Konditionenpolitik

Die Preispolitik umfasst alle Maßnahmen, die mit dem Preis des Produktes in Zusammenhang stehen. Beispiele hierfür sind der Ausweis von Mindest- und Höchstpreisen und der gezielte Einsatz von Preisdifferenzierungen, Preisnachlässen und unverbindlichen Preisempfehlungen.

In einigen Fällen wird die freie Preisbildung durch rechtliche Vorschriften eingeschränkt. Öffentliche Aufträge dürfen nur nach einem vorgegebenen Schema kalkuliert werden. Der Buch- und Zeitschriftenhandel ist an die vom Hersteller (Verlag) vorgegebenen Preise gebunden.

Bei den in der Praxis gebräuchlichen Formen der Preisgestaltung lassen sich grundsätzlich drei Ansatzpunkte unterscheiden:

- Bei der kostenorientierten Preisbildung ist die betriebsspezifische Kostensituation maßgebend. Dabei können die Preise entweder auf Vollkosten- oder Teilkostenbasis ermittelt werden. Die kostenorientierte Preisbildung wird zumeist zur Ermittlung der Preisuntergrenze herangezogen, also der niedrigsten Preisforderung, zu der ein Betrieb noch bereit ist, seine Produkte zu verkaufen. Die langfristige Preisuntergrenze wird durch die Selbstkosten bestimmt. Bei der mit Hilfe der Deckungsbeitragsrechnung ermittelten kurzfristigen Preisuntergrenze müssen mindestens die variablen Kosten gedeckt werden.

- Bei der nachfrageorientierten Preisbildung werden die Gegebenheiten der potenziellen Kunden (Nachfrager) berücksichtigt (z. B. Preisvorstellung, Zahlungsbereitschaft).

- Bei der konkurrenzorientierten Preisbildung geht der Betrieb von den Preisforderungen der Konkurrenz aus. Als Orientierungsgröße wird entweder der Branchenpreis oder der Preis des Preisführers herangezogen.

Von Preisdifferenzierung wird gesprochen, wenn ein Betrieb für ein bestimmtes Produkt von verschiedenen Nachfragern unterschiedliche Preise verlangt. Das ist möglich, wenn der

Markt in unterschiedliche Teilmärkte aufgespalten wird. Folgende Arten werden unterschieden:

- räumliche Differenzierung (z.B. Gebietsmärkte, Inlands- und Auslandsmärkte),
- zeitliche Differenzierung (z.B. Tag- und Nachttarife),
- sachliche Differenzierung (z.B. unterschiedliche Energietarife für private oder gewerbliche Abnehmer),
- personelle Differenzierung (z.B. Studenten- oder Rentnernachlass).

Mit der Konditionenpolitik werden Zahlungs- und Lieferbedingungen gestaltet, etwa das Einräumen von Skonti, Zahlungszielen oder die Gewährung von Teilzahlungskrediten, oder Lieferzeiten, die Übernahme von Mengengarantien und die Vereinbarung spezieller Frachtklauseln.

Rabatte gewährt man Kunden, die eine bestimmte Leistung erbracht haben. Nach dem Grund der Rabattgewährung können Mengen-, Treue-, Einführungsrabatte, Saison-, Frühbezugs-, Funktions- und Barzahlungsrabatte (Skonto) unterschieden werden. Als Bonus wird ein nachträglich vergüteter Rabatt bezeichnet, z.B. ein Umsatzbonus für die in einem bestimmten Zeitraum abgenommene Menge.

## Distributionspolitik: Wie kommt das Produkt zum Kunden?

Dem Unternehmen stehen verschiedene Möglichkeiten und Wege offen, seine Erzeugnisse den Konsumenten, Wiederverkäufern oder Weiterverarbeitern zugänglich zu machen. Wichtig hierbei sind

- das Vertriebssystem,
- die Absatzformen und die
- Absatzwege.

Mit dem Vertriebssystem wird über die zentrale oder dezentrale Durchführung und den Grad der Ausgliederung des Verkaufs entschieden.

Hinsichtlich der Absatzform kann zwischen eigenen und fremden Verkaufsorganen unterschieden werden. Zu den betriebseigenen Organen zählen Mitglieder der Geschäftsleitung (z. B. für Großaufträge), Reisende, Verkauf auf Antrage von Kunden, Verkauf in Läden und Verkauf mit Hilfe von Automaten. Betriebsfremde Organe sind Handelsvertreter, Kommissionäre und Makler (Handelsvermittler).

Bei der Wahl der Absatzwege geht es um die Entscheidung zwischen direktem und indirektem Absatz. Beim direkten Absatz verkauft das herstellende Unternehmen seine Erzeugnisse unmittelbar an die Konsumenten oder Verwender. Beim indirekten Absatz schieben sich zwischen die Erzeuger und Endverbraucher selbstständige Unternehmungen des Handels.

> Die Stufen, die ein Erzeugnis von seiner Produktion bis zur endgültigen Verwendung durchläuft, werden Handelskette (oder Absatzkette) genannt.

# Kommunikationspolitik

Was der Verbraucher vereinfachend als „Werbung" bezeichnen würde, fasst der Betriebswirt oder „Marketer" unter den Begriff „Kommunikationspolitik". Dazu gehören alle kommunikativen Maßnahmen der Unternehmung, also neben der Werbung auch die Verkaufsförderung, die PR (Public Relations) und das Sponsoring.

## Werbung hat viele Gesichter

Nach den mit der Werbung verfolgten Zielen kann zwischen Einführungswerbung, Erhaltungswerbung und Expansionswerbung unterschieden werden. Die Werbebotschaft kann sich auf eine Firma (Firmenwerbung), auf ein bestimmtes Produkt (Produktwerbung) oder auf eine Marke (Markenwerbung) beziehen.

> Nach dem Markengesetz können als Marken alle Zeichen, insbesondere Wörter, Abbildungen, Buchstaben, Abkürzungen, Zahlen, Hörzeichen, dreidimensionale Gestaltungen oder die Form einer Ware oder ihrer Verpackung sowie sonstige Aufmachungen in Form und Farbe geschützt werden.

Marken werden durch Branding kreiert. Für den Erfolg von Marken werden im Allgemeinen vier Gründe genannt: Bekanntheit, Unverwechselbarkeit, Erfüllung von Wunschbildern und Wertstabilität.

Vor allem wenn Fachleute potenzielle Käufer sind, wird eine eher informative, sachliche Werbung betrieben. Doch auch in der Investitionsgüterindustrie (im sog. Business-to-Business-Bereich) finden wir immer häufiger Werbung, die an das emotionale Erleben des Käufers appelliert. Diese Suggestivwerbung überwiegt natürlich eindeutig in der Konsumgüterwerbung.

Länger- und mittelfristig geplante Absatzwerbung (Werbekampagnen etc.) werden durch die vorwiegend kurzfristig angelegte Verkaufsförderung (Sales Promotion) unterstützt. Darunter fallen etwa Händler- oder Verkäuferschulungen, Verkaufsvorführungen beim Händler, Hilfen bei der Warenpräsentation durch Plakate oder Displays etc.

Sponsoring umfasst sämtliche Aktivitäten, die mit der Bereitstellung von Geldern und Sachmitteln durch ein Unternehmen für Personen oder Organisationen im sportlichen, kulturellen, ökologischen oder sozialen Bereich verbunden sind. Doch natürlich tut ein Unternehmen dies nicht umsonst: Indem sein Name z.B. auf Trikots oder Konzertkarten erscheint, tut das Unternehmen etwas für sein Image.

Ähnliches verfolgen die Public Relations, kurz PR. Mit PR soll in der Öffentlichkeit Interesse für das Unternehmen selbst geweckt und die Beziehungen zur Öffentlichkeit gepflegt werden. Dabei wird nach verschiedenen Zielgruppen (z.B. Medien, Kunden, Lieferanten, Aktionäre) differenziert, die alle einer gezielten Ansprache bedürfen. Zu den gebräuchlichsten Maßnahmen der Public Relations zählen Presse- und Medienarbeit, PR-Anzeigen, Infozettel und Infoposter, Versammlungen, Veranstaltungen und öffentliche Auftritte, Sponsoring, Betriebsbesichtigungen, Tage der offenen Tür und Wohltätigkeitveranstaltungen.

# Personalwirtschaft

Jedes Unternehmen ist so gut wie seine Mitarbeiter. Nicht umsonst wird bei unternehmerischen Entscheidungen den personellen Fragen inzwischen die gleiche Bedeutung zugemessen wie technischen oder wirtschaftlichen.

In diesem Kapitel lesen Sie,

- welche Aufgabenbereiche die Personalwirtschaft umfasst,
- wie Löhne und Gehälter festgelegt werden,
- welche Beteiligungsformen es gibt und
- wie Sozialleistungen und Arbeitsbedingungen gestaltet werden.

# Was gehört zur betrieblichen Personalwirtschaft?

Zum Bereich Personalwirtschaft zählen sämtliche Aufgabenbereiche, die durch die Beschäftigung von Mitarbeitern anfallen: vom Aufbau und der Sicherung des erforderlichen Personalbestands über die Aufrechterhaltung der Leistungsfähigkeit und Leistungsbereitschaft der Mitarbeiter bis hin zu deren Betreuung und Führung.

Die Abteilung, in der viele dieser Aufgaben erfüllt werden, ist die Personalabteilung. Die Aufgaben der Mitarbeiterführung allerdings fallen in die Zuständigkeit der einzelnen Vorgesetzten, und Grundsatzentscheidungen im Personalbereich werden von der Unternehmensleitung getroffen.

In der Auffassung über die Bedeutung der betrieblichen Personalarbeit hat sich in den letzten 20 bis 30 Jahren ein Wandel vollzogen. Gehörte die Personalarbeit noch zu Anfang der 80er Jahre zu einem nachgeordneten Funktionsbereich, so ist sie mittlerweile in den obersten Managementbereich vorgerückt. Neben externen Einflussgrößen (Arbeitsmarkt, gesellschaftspolitische Strömungen, umfangreiche Gesetzgebung im sozial- und arbeitsrechtlichen Bereich usw.) hat dazu vor allem die gewachsene Einsicht in die wichtige Rolle des Menschen bei der Erfüllung betrieblicher Aufgabenstellungen beigetragen.

An Stelle der Begriffe Personalwirtschaft oder Personalwesen treten die Begriffe Personalmanagement oder Human Ressource Management. Das strategische Personalmanagement bezieht auch das Umfeld des Unternehmens ein.

> Auch bei der Personalarbeit wird eine langfristige und strategische Ausrichtung immer wichtiger. Dazu tragen Faktoren wie der Wertewandel der Gesellschaft, die Arbeitsmarktentwicklung, der technologische Fortschritt, die Internationalisierung der Märkte und Veränderungen der arbeitsrechtlichen Rahmenbedingungen bei.

# Personalpolitik

Jedes Unternehmen verfolgt eine bestimmte Personalpolitik, die sich aus der Unternehmenspolitik ergibt und nur in Abstimmung mit anderen unternehmerischen Zielen formuliert werden kann.

Was die Personalpolitik so besonders macht, ist, dass ständig ein Ausgleich zwischen wirtschaftlichen Zielen (z.B. Kostenminimierung) und sozialen Zielen (z.B. ein zeitgemäßer Führungsstil) hergestellt werden muss. Denn gerade in diesem Bereich spielen rechtliche und gesellschaftspolitische Normen und Wertvorstellungen – z.B. humane Arbeitsgestaltung, Mitwirkungs- und Mitbestimmungsmöglichkeiten der Mitarbeiter – eine große Rolle.

Zu den wichtigsten Ansatzpunkten der Personalpolitik zählen u.a. der Führungsstil, die Gestaltung des Arbeitsentgelts und der Arbeitsbedingungen, das Angebot an Sozialleistungen oder die Möglichkeiten der Personalentwicklung.

# Personalplanung und –beschaffung

Durch die Personalplanung wird unter Beachtung personalpolitischer Grundsatzentscheidungen das künftige Geschehen im Personalwesen durchdacht und in seinen Grundzügen festgelegt. Die Personalplanung trägt dazu bei, die Ziele der Personalpolitik zu verwirklichen; sie hat sicherzustellen, dass es zu einer weitgehenden Übereinstimmung zwischen den künftigen quantitativen und qualitativen Anforderungen an den verschiedenen Arbeitsplätzen und den verfügbaren Mitarbeitern kommt.

Kernbereich der Personalplanung ist die Personalbedarfsplanung. Sie ermittelt unter Beachtung künftiger Aktivitäten, wie viele Mitarbeiter welcher Qualifikation zu bestimmten Zeitpunkten in der Zukunft benötigt werden.

> Durch den Vergleich des zukünftigen Personalbedarfs mit dem zum selben Zeitpunkt erwarteten Personalbestand ergibt sich eine zu deckende Bedarfslücke bzw. ein abzubauender Personalüberhang.

Wenn es darum geht, wie viele und welche Arbeitskräfte wann und wo im Unternehmen gebraucht werden, dann spricht der Betriebswirt von Personalbeschaffung. Nach der Personalwerbung, durch die interne und externe Interessenten über die freien Stellen im Unternehmen informiert werden, steht die Personalauswahl an: Die Personalverantwortlichen prüfen, inwieweit die Qualifikationen der Bewerber mit dem Anforderungsprofil der jeweiligen Stelle übereinstimmen und treffen eine Einstellungsentscheidung.

## Wege der Personalbeschaffung

| Interne Beschaffung | Externe Beschaffung |
| --- | --- |
| • Interne Stellenausschreibung | • Schaltung von Stellenanzeigen |
| • Versetzungen/Beförderungen | • E-Recruiting |
| • Mittelfristige Möglichkeiten durch Personalentwicklung | • Personalleasing |
| | • Einschaltung von Mittlern (Arbeitsämter/Personalberater) |
| | • Headhunting |
| | • Auswertung von Stellengesuchen |
| | • Kontakt zu Ausbildungseinrichtungen (Berufsschulen, Hochschulen) |
| | • Sonstige Wege wie Vermittlung über Mitarbeiter, Aushang am Werkstor, Verteilung von Handzetteln, Tag der offenen Tür |

# Immer wichtiger: Personalentwicklung

Zur Personalentwicklung zählen sämtliche Maßnahmen, die der individuellen beruflichen Entwicklung der Mitarbeiter dienen und ihnen bei Beachtung ihrer persönlichen Interessen die zur bestmöglichen Wahrnehmung ihrer heutigen oder künftigen Aufgaben erforderlichen Qualifikationen vermitteln.

Damit umfasst die Personalentwicklung mehr als reine Weiterbildung: Es geht einmal um die Förderung, die vorwiegend auf das berufliche Weiterkommen abstellt (z.B. durch Versetzung, Beförderung, individuelle Laufbahnplanung), und schließlich um Weiterbildungsmaßnahmen, durch die die erforderlichen Qualifikationen vermittelt werden.

> Neben den fachlichen Qualifikationen werden heute die sog. Schlüsselqualifikationen als unerlässlich angesehen. Gemeint sind weitgehend zeit- und berufsunabhängige Fähigkeiten, die keinen unmittelbaren Bezug zu einer bestimmten Tätigkeit haben (z.B. Innovationsfähigkeit, Lernbereitschaft, soziale Kompetenz, kommunikative Fähigkeiten).

# Personal erfolgreich einsetzen

Durch einen optimalen Personaleinsatz soll es zu einer bestmöglichen Übereinstimmung zwischen den Anforderungen der Arbeitsplätze und den Fähigkeiten der Mitarbeiter kommen. Je besser dies gelingt, umso größer wird die Zufriedenheit der Mitarbeiter sein und damit ihre Arbeitsmotivation umso höher. Heute versucht man, Arbeitsplätze attraktiver zu gestalten und so den negativen Folgen einer übergroßen Arbeitsteilung entgegenzuwirken.

# Personaleinschränkung

Manchmal ist es notwendig, die personellen Kapazitäten herunterzufahren. Mittel sind entweder die Arbeitszeitverkürzung, die man in der Regel durch Abbau von Überstunden oder durch Kurzarbeit erreicht. Der zweite Weg ist den Personalbestand zu senken. Das muss nicht immer gezielte Entlassungen bedeuten; in begrenztem Ausmaß lässt sich Personalabbau auch durch Einstellungssperren, Aufhebungsverträge und vorzeitige Pensionierungen erreichen.

# Löhne und Gehälter gestalten

Ein wichtiger Teil der Personalwirtschaft ist die Gestaltung des Arbeitsentgelts, sprich der Löhne und Gehälter, das, was der Arbeitnehmer als materielle Gegenleistung für seine Leistung vom Arbeitgeber bekommt. Die Höhe des Arbeitsentgelts wird entweder kollektiv, durch Tarifvertrag oder Betriebsvereinbarung, oder einzelvertraglich geregelt. Im Arbeitsentgelt können neben einem Grundbetrag Zulagen, Zuschläge, Provisionen oder Gratifikationen enthalten sein.

## Lohngerechtigkeit wird angestrebt

Oberstes Prinzip bei der Gestaltung des Arbeitsentgelts ist die Forderung nach einer „gerechten Entlohnung". Eine absolute Lohngerechtigkeit ist allerdings unmöglich, weil es sich dabei um ein mit ökonomischen Methoden nicht lösbares Problem handelt, das von unterschiedlichen Wertvorstellungen bestimmt wird.

Auf die einzelnen Mitarbeiter bezogen kann von „relativer Lohngerechtigkeit" gesprochen werden, wenn das Entgelt eines Arbeitnehmers so gestaltet ist, dass die entlohnten Mitarbeiter es als „gerecht" empfinden. Das wird dann der Fall sein, wenn das Entgelt des Einzelnen in einer vernünftigen Relation zum Arbeitsentgelt seiner Arbeitskollegen steht, die gleiche oder ähnliche Tätigkeiten verrichten. Differenzierungen ergeben sich durch die Berücksichtigung sozialer Faktoren.

## Lohnformen: Nach Zeit ...

Das Bemühen um eine „gerechte" Entlohnung hat zu zahlreichen Lohnformen geführt.

Beim Zeitlohn wird nur die aufgewandte Arbeitszeit (z.B. Stunden, Monate) als Bemessungsgrundlage herangezogen. Die Lohnhöhe errechnet sich damit aus dem Produkt der Anzahl der benötigten Zeiteinheiten mit dem jeweils gültigen Lohnsatz. Der Zeitlohn eignet sich vor allem für Tätigkeiten, an die hohe Qualitätsansprüche gestellt werden sowie bei starker Unfallgefährdung oder bei Arbeiten, deren Mengenergebnis durch den Arbeitnehmer nicht beeinflusst werden kann.

**Beispiel**

 Ein Arbeiter hat im Abrechnungszeitraum 40 Stunden gearbeitet. Der Lohnsatz beträgt 20,00 EUR/Stunde. Sein Zeitlohn beträgt damit: 20,00 EUR × 40 = 800,00 EUR

## ... oder nach Menge

Beim Akkordlohn wird für die geleistete Arbeitsmenge entlohnt, so dass ein unmittelbarer Bezug zur Leistung besteht. Der Akkordlohn besteht aus dem Mindestlohn und dem Akkordzuschlag. Die Summe aus Mindestlohn und Akkordzuschlag wird als Akkordrichtsatz bezeichnet. Nach der rechen-technischen Ermittlung wird zwischen dem Stückakkord und dem Zeitakkord unterschieden.

Beim Stückakkord (Geldakkord) erhält der Arbeitnehmer pro erzeugter Leistungseinheit einen bestimmten Geldbetrag. Dieser Geldsatz richtet sich nach dem über die Arbeitsbewertung ermittelten „normalen" Zeitbedarf. Der Verdienst errechnet sich aus dem Produkt von hergestellter Stückzahl und Geldsatz.

Geldsatz = Akkordrichtsatz/Leistungseinheiten bei Normalzeit

Akkordlohn = Leistungsmenge × Geldsatz

### Beispiel

 Der Zeitlohn beträgt 20,00 EUR/St. Der Akkordzuschlag beträgt 20 %. Die Vorgabezeit für eine gefertigte Einheit umfasst 10 Minuten. Ein Arbeitnehmer fertigt 8 Einheiten pro Stunde.

Akkordrichtsatz = 20,00 EUR + 20,00 × 0,2 = 24,00 EUR

Geldsatz = 24,00 EUR/6 = 4,00 EUR/Stück

Akkordlohn = 8 × 4,00 EUR = 32,00 EUR

Beim Zeitakkord wird durch Division des Akkordrichtsatzes pro Stunde ein Geld- oder Minutenfaktor errechnet. Dem Arbeiter wird zur Herstellung einer Leistungseinheit eine bestimmte Vorgabezeit eingeräumt. Der Verdienst ergibt sich aus dem Produkt von Vorgabezeit, Leistungsmenge und Geldfaktor.

Akkordlohn = Leistungsmenge × Vorgabezeit × Minutenfaktor

## Beispiel

Bei den gleichen Größen wie im vorherigen Beispiel ergibt sich:

Minutenfaktor = 24,00 EUR : 60 = 0,40 EUR

Akkordlohn = 8 × 10 × 0,40 EUR = 32,00 EUR

Der Zeitakkord hat gegenüber dem Stückakkord den Vorteil, dass die Zeitvorgabe unmittelbar erkennbar ist. Er wird deshalb in der betrieblichen Praxis vorrangig verwendet.

## Prämienlohn

Der Prämienlohn besteht aus einem Grundlohn, der in der Regel ein Zeitlohn ist, und einer zusätzlich gezahlten Leistungsprämie. Die Basis für die Prämienberechnung können entweder die Leistungsmenge oder andere mengenunabhängige Leistungskomponenten bilden (z.B. Ersparnisse beim Energie- oder Materialverbrauch oder eine niedrige Ausschussquote).

## Wie werden Arbeit und Leistung bewertet?

Die Höhe des Arbeitsentgelts eines Arbeitnehmers hängt neben den Einflüssen des externen Arbeitsmarkts von den personenunabhängigen Anforderungen des Arbeitsplatzes (Arbeitsbewertung) sowie seiner individuellen Leistung (Leistungsbewertung) ab.

- Die Arbeitsbewertung ist ein Verfahren zur Ermittlung der Anforderungen, welche die Ausführung bestimmter Tätigkeiten an die Mitarbeiter stellt. Der Arbeitswert bezieht sich in der Regel auf die sog. Normalleistung, d.h. die zu bewertenden Tätigkeiten werden miteinander verglichen, ohne die individuelle Leistung und Eignung des Ausführenden zu berücksichtigen.

- Von den durch die Arbeitsbewertung ermittelten relativen Lohnhöhen gelangt man über sog. Ecklöhne zur endgültigen Festsetzung des Arbeitsentgelts. Der Ecklohn ist ein tarifvertraglich festgelegter Stundenlohn für eine Lohngruppe normaler Facharbeiter, aus dem sich die tariflichen Stundenlöhne für Facharbeiter anderer Lohngruppen durch prozentuale Zu- und Abschläge errechnen lassen.

- Durch die Leistungsbewertung schließlich werden die wechselnden Leistungen der Mitarbeiter erfasst und im Arbeitsentgelt berücksichtigt.

# Wie Mitarbeiter beteiligt werden

Mitarbeiter am Unternehmen zu beteiligen kann einerseits bedeuten, sie materiell, am Erfolg und/oder Kapital zu beteiligen. Im weitesten Sinn bedeutet Mitarbeiterbeteiligung aber auch, sie an den unternehmerischen Entscheidungsprozessen teilhaben zu lassen (betriebliche Partnerschaft, s.u.).

## Was betriebliche Partnerschaft bedeutet

Als Partnerschaft (Partizipation) wird eine vertraglich festgelegte Form der Kooperation zwischen Unternehmensleitung und Belegschaft bezeichnet, bei der mit den Beteiligten unterschiedliche Formen der Mitwirkung und Mitbestimmung bei gleichzeitiger Mitverantwortung vereinbart werden. Zusätzlich sind die Mitarbeiter materiell beteiligt.

Durch die betriebliche Partnerschaft soll der ausschließlichen Fremdbestimmung der Mitarbeiter entgegengewirkt und ein Höchstmaß an Selbstentfaltung aller Beteiligten ermöglicht werden. Die durch Partnerschaft geschaffenen Mitwirkungs- und Mitbestimmungsmöglichkeiten der Mitarbeiter treten neben die gesetzlich festgeschriebenen Rechte.

## Wie Mitarbeiter am Erfolg beteiligt werden können

Bei der Erfolgsbeteiligung werden die Mitarbeiter planmäßig am Erfolg einer Unternehmung beteiligt. Die Erfolgsanteile werden zusätzlich zum laufenden Arbeitsentgelt gewährt.

Beteiligt werden können Mitarbeiter

- am Gewinn, zum Beispiel an der Ausschüttung, am Substanz- oder Unternehmensgewinn;

- am Ertrag, zum Beispiel am Umsatz, der Wertschöpfung oder dem Nettoertrag;

- an der Leistung, etwa der Produktion, der Produktivität oder der Kostenersparnis.

> Zwar dominiert in der Praxis die Gewinnbeteiligung, doch wird immer wieder eingewendet dass sie nicht genügend Leistungsanreiz für die Mitarbeiter bietet, da der Gewinn in starkem Maße von externen Faktoren beeinflusst wird.

## Kapitalbeteiligung

Bei der Kapitalbeteiligung werden die Mitarbeiter direkt oder indirekt am Kapital der Unternehmung beteiligt, entweder

- direkt durch das Unternehmen, z. B. durch eine Jubiläumsprämie,

- oder durch Eigenleistungen der Mitarbeiter, z. B. durch Erwerb von Vorzugsaktien,

- oder durch die sog. laboristische Kapitalbeteiligung, wobei die Erfolgs- und Kapitalbeteiligung kombiniert werden: Die Erfolgsanteile der Mitarbeiter werden im Unternehmen angelegt, so dass sich bei positiven Erfolgen ein ständig steigender Kapitalanteil ergibt.

Mit der Mitarbeiterbeteiligung werden unterschiedliche Ziele verfolgt:

- der Abbau des sozialen Konflikts zwischen Arbeitgebern und Arbeitnehmern (sozial-ethische Zielsetzung),

- die Erhaltung unseres Wirtschaftssystems sowie Veränderungen der Einkommensverteilung (gesamtwirtschaftliche Zielsetzung),

- eine gerechtere Entlohnung sowie eine positive Motivation der Mitarbeiter (einzelwirtschaftliche Zielsetzung).

# Betriebliche Sozialpolitik

Die betriebliche Sozialpolitik hat die Aufgabe, die staatliche Sozialpolitik zu ergänzen. Weil Sozialleistungen wie Krankenversicherung und Altersversorgung teils vom Staat getragen werden bzw. gesetzlich oder tariflich festgeschrieben sind, bleibt den Betrieben nur noch eine relativ geringe Marge für freiwillige Sozialleistungen.

Das Schwergewicht der betrieblichen Sozialpolitik richtet sich deshalb auf die individuelle Förderung der Leistungsfähigkeit und Leistungsbereitschaft der Mitarbeiter.

## Freiwillige Sozialleistungen

Als freiwillige Sozialleistungen werden in Ergänzung zu den gesetzlichen oder tarifvertraglichen Leistungen alle Sozialleistungen angesehen, die auf freiem Entschluss des Arbeitgebers beruhen. Auf sie haben die Arbeitnehmer grundsätzlich keinen Rechtsanspruch.

> Rechtlich sind solche Sozialleistungen freiwillig, tatsächlich besteht jedoch oft ein mittelbarer oder unmittelbarer Zwang, sie den Arbeitnehmern einzuräumen: aus Gründen der Sozialpolitik, der Konkurrenz- oder Arbeitsmarktsituation, wegen der betrieblichen Übung, des Gleichbehandlungsgrundsatzes oder aufgrund einzelvertraglicher Verpflichtungen.

Zu den bekanntesten freiwilligen Sozialleistungen zählen:

- betriebliche Altersversorgung,
- Maßnahmen der Mitarbeiterbeteiligung,
- Wohnungshilfe, Belegschaftsverpflegung,
- direkte Barzuwendungen (Gratifikationen, Trennungsgeld, Familienhilfe, Darlehen),
- Maßnahmen der Aus- und Weiterbildung.

# Die Arbeitsbedingungen gestalten

Als Arbeitsbedingungen im weitesten Sinne werden sämtliche Einflussfaktoren auf die menschliche Arbeitsleistung im Betrieb bezeichnet. Hierzu zählen auch die Höhe und Gestaltung des Arbeitsentgelts sowie das menschliche Umfeld (Führungsstil, Zusammensetzung der Arbeitsgruppen usw.). Die Arbeitsbedingungen im engeren Sinne umfassen die Gestaltung der Arbeitsplätze und Arbeitsmittel sowie die Regelung der Arbeitszeit.

> Durch die Arbeitsgestaltung sollen die Bedingungen und Voraussetzungen für ein bestmögliches Zusammenwirken der an der Leistungserstellung beteiligten Personen, Betriebsmittel und Werkstoffe geschaffen werden. Hierfür spielen Erkenntnisse aus der Arbeitswissenschaft und die Arbeitsstrukturierung eine Rolle.

Neuere Formen der Arbeitstrukturierung versuchen vor allem der durch eine starke Arbeitsteilung verursachten Monotonie entgegenzuwirken. Die Arbeitsinhalte werden vielfältiger gestaltet und der Arbeitsumfang vergrößert:

- **Job Enlargement:** Bedeutet eine Erweiterung der Arbeitsinhalte durch Hinzufügen qualitativ gleichwertiger Tätigkeiten. Dadurch entstehen größere Aufgaben, die jedoch von einer Person beherrscht und ohne große Schwierigkeiten erlernt werden können.

- **Job Enrichment:** Bedeutet eine Integration mehrerer unterschiedlich schwieriger, aber sachlich zusammengehörender Verrichtungen zu einem neuen Aufgabenkomplex. Dadurch werden der Initiative und dem Gestaltungsraum des Einzelnen mehr Möglichkeiten im Sinne der Selbstverwirklichung geboten.

- **Job Rotation:** Die Mitglieder einer Arbeitsgruppe wechseln untereinander planmäßig in selbst gewählter oder vorgeschriebener Folge die Arbeitsaufgabe oder die Arbeitsplätze. Das verringert nicht nur die mit einfachen, manuellen Tätigkeiten verbundenen Belastungen, sondern steigert auch die Flexibilität der Beteiligten.

- **Arbeitsgruppen/Teamarbeit:** Es handelt sich um formelle Gruppen, die mit Blick auf die Arbeitsorganisation bewusst gegründet werden. Durch die Zusammenarbeit kommt es zu Synergieeffekten und die Arbeitszufriedenheit steigt. Projektgruppen werden für einen bestimmten Zeitraum zur Durchführung von befristeten Aufgaben gegründet. In so genannten teilautonomen Arbeitsgruppen wird die sonst übliche Fremdbestimmung weitgehend aufgehoben. Komplexe Aufgabenbereiche werden in den Verantwortungsbereich der Gruppe verlagert.

# Arbeitszeitregelungen

Arbeitszeit ist die Zeit, die der Arbeitnehmer dem Arbeitgeber zur Nutzung seiner Arbeitskraft gegen Entgelt zur Verfügung stellt. Gerechnet wird vom Beginn der Arbeit bis zu deren Ende abzüglich der Ruhepausen.

Der Arbeitszeitschutz gewährt dem Arbeitnehmer einen vierfachen Schutz: Er setzt die Höchstdauer für die Arbeitszeit fest, regelt die zeitliche Positionierung der Arbeitszeit, schreibt Arbeitspausen und Ruhezeiten vor und beschränkt die Arbeit an Sonn- und Feiertagen.

### Arbeitszeit flexibel gestalten

Flexible Arbeitszeiten bedeutet, dass die Arbeitszeiten (der Arbeitnehmer) von den Betriebszeiten entkoppelt werden. So kann nicht nur das Unternehmen seine Mitarbeiter je nach Arbeitsanfall und Kapazitätsauslastung möglichst flexibel einsetzen; auch den individuellen Bedürfnissen der Arbeitnehmer wird damit Rechnung getragen.

- Bei gleitender Arbeitszeit können die Arbeitnehmer innerhalb eines gewissen Spielraums Beginn und Beendigung der Arbeitszeit selbst bestimmen; nur innerhalb der so genannten Kernzeit müssen sie anwesend sein.

- Schichtarbeit ist aus Sicht des Unternehmens die zeitlich versetzte Besetzung eines Arbeitsplatzes mit mehreren Mitarbeitern. Für den Mitarbeiter wechselt damit die Arbeitszeit im Tages- oder Wochenrhythmus.

- Die Telearbeit umfasst Tätigkeiten an einem betriebsexternen Arbeitsplatz, der mit Hilfe moderner Kommunikationstechnologie mit dem Betrieb verbunden ist.

- Job Sharing liegt vor, wenn der Arbeitgeber mit zwei oder mehreren Arbeitnehmern vereinbart, dass sich diese die Arbeitszeit an einem Arbeitsplatz teilen. Dabei sind bei Ausfall eines Arbeitnehmers die anderen in die Arbeitsplatzteilung einbezogenen Arbeitnehmer zu seiner Vertretung nur aufgrund einer für den einzelnen Vertretungsfall geschlossenen Vereinbarung verpflichtet.

# Impressum

**Bibliografische Information der Deutschen Nationalbibliothek**
Die Deutsche Nationalbibliothek verzeichnet diese Publikation in der Deutschen
Nationalbibliografie; detaillierte bibliografische Daten sind im Internet über
http://www.d-nb.de abrufbar.

**Print: ISBN: 978-3-648-02884-1 Bestell-Nr.: 01319-0001**
**ePub: ISBN: 978-3-648-02885-8 Bestell-Nr.: 01319-0100**
**ePDF: ISBN: 978-3-648-02886-5 Bestell-Nr.: 01319-0150**

Dr. Matthias Nöllke, Prof. Dr. Wolfgang Mentzel
Managementwissen
1. Auflage 2012

© 2012, Haufe-Lexware GmbH & Co. KG, Munzinger Straße 9, 79111 Freiburg
Redaktionsanschrift: Fraunhoferstraße 5, 82152 Planegg/München
Telefon: (089) 895 17-0
Telefax: (089) 895 17-290
Internet: www.haufe.de
E-Mail: online@haufe.de
Redaktion: Jürgen Fischer

Lektorat: Gisela Fichtl, Dr. Ilonka Kunow
Satz: Beltz Bad Langensalza GmbH, 99947 Bad Langensalza
Umschlag: Kienle gestaltet, Stuttgart
Druck: CPI – Ebner & Spiegel, Ulm

# Autoren

### Dr. Matthias Nöllke

vom Textbüro Nöllke in München arbeitet als Journalist und Autor. Er ist für den Bayerischen Rundfunk sowie für zahlreiche Verlage und Unternehmen tätig. Von ihm sind bei Haufe u. a. die TaschenGuides „Kreativitätstechniken" und „Entscheidungen treffen" erschienen.

Von Dr. Matthias Nöllke stammt der erste Teil dieses Buches.

### Prof. Dr. Wolfgang Mentzel

Seit 1972 Professor für Betriebswirtschaftslehre an der Fachhochschule Koblenz. Lehraufträge an mehreren anderen Hochschulen. Schwerpunkte der Lehrtätigkeit: Personal- und Bildungswesen, Management, Rhetorik. Regelmäßige Seminare für Führungskräfte zu Personal- und Kommunikationsthemen. Autor zahlreicher Fachpublikationen. Bei der Haufe-Mediengruppe erschienen sind u. a. der TaschenGuide „Rhetorik" und der TaschenGuide „Mitarbeitergespräche".

Von Prof. Dr. Wolfgang Mentzel stammt der zweite Teil dieses Buches.

# Weitere Literatur

„Mitarbeiterbeurteilung und Zielvereinbarung" von Christian Stöwe und Anja Beenen, 328 Seiten, mit CD-ROM, EUR 34,80, ISBN 978-3-448-09768-9, Bestell-Nr. 04203

„Das erste Mal Chef" von Ralph Frenzel, 182 Seiten, mit CD-ROM, EUR 18,95, ISBN 978-3-648-01272-7, Bestell-Nr. 00610

„Schnelleinstieg Buchführung" von Dr. Gerhard Fröhlich, 230 Seiten, EUR 24,95, ISBN 978-3-648-02442-3, Bestell-Nr. 01142

„Praxiswissen BWL" von Prof. Dr. Helmut Geyer, 624 Seiten, mit CD-ROM, EUR 39,80, ISBN 978-3-448-07479-6, Bestell-Nr. 01045

„Handbuch GmbH. Gründung – Führung – Sicherung" von Dr. Rocco Jula und Barbara Sillmann, 330 Seiten, mit CD-ROM, EUR 39,95, ISBN 978-3-648-03286-2, Bestell-Nr. 06159